공감의 도시, 창조적 디자인

마석신

연구실
01
의류
T 591-4096
아울렛 D·C
SK

공감의 도시, 창조적 디자인

공감의 도시, 창조적 디자인

지은이 약력 | 이 석 현

홍익대학교 미술대학 졸업 후, 일본 쓰쿠바 대학에서 환경디자인 석사·박사 과정을 거쳤다.
현재, 중앙대학교 실내환경디자인과 조교수로 재직 중이며 남양주시 도시디자인 정책자문관 등 전국 지자체와 기관들의 디자인 정책, 심의, 자문을 수행하고 있다.
주요 저서 및 역서로는,
경관법을 활용한 환경색채계획(2007), 도시의 색을 만들자(2008), 커뮤니티 플래닝 핸드북(2008), 경관색채계획의 이론과 실천(2008), 도시의 프롬나드(2009), 창조도시를 디자인하라(2009), 공간디자인론(2011) 등이 있다.

공감의 도시, 창조적 디자인

남양주시 도시만들기 이야기

2011년 5월 15일 1판 1쇄 인쇄
2011년 5월 20일 1판 1쇄 발행

지은이 이 석 현
펴낸이 강 찬 석
펴낸곳 도서출판 미세움
주 소 150-838 서울시 영등포구 신길동 194-70
전 화 02-844-0855 팩스 02-703-7508
등 록 제313-2007-000133호

ISBN 978-89-85493-45-1 03540

정가 17,000원

공감의 도시 창조적 디자인

남양주시 도시만들기 이야기

이 석 현 지음

우리를 이끌어 온 것은 서로에 대한 감동이다

서문

2007년 9월, 남양주시에 도시디자인과가 최초로 만들어졌다. 그 당시는 전국의 모든 지자체가 지역의 공공 디자인이나 경관 개선을 의욕적으로 추진하던 시기였다. 남양주시에서도 그러한 분위기의 영향과 도시 곳곳에 산적한 열악한 지역 경관을 개선하고자 하는 내부적인 요구에 의해 의욕적으로 새로운 부서를 신설하게 되었던 것이다.

그러나 그 당시, 디자인과의 담당자들과 다양한 관계자들이 추상적인 개념을 넘어 남양주시라는 도시 상황에 적합한 구체적인 디자인 정책과 방향을 구상하기에는 의욕에 비해 경험이 미숙한 상태였다고 생각된다. 나 역시, 국외에서 돌아온 지 얼마 지나지 않은 상황에서 그러한 계획에 참여할 수 있는 기회를 가지게 되었으나, 다양한 사람들의 요구와 공간의 특징을 반영한 실천적 도시 디자인을 구상하기에는 모든 면에서 부족한 상태였었다. 아니 어떻게 보면, 도시 디자인의 진행은 누가 하든지 간에 디자인에 대한 추상적인 그림은 그리더라도, 각 공간과 사람들에게 적합한 구체적인 상을 그리는 과정은 항상 어렵고 새로운 한계점이 생기는 것일지도 모른다. 따라서 초기에 보여진 디자인팀의 무모해 보일 정도의 실행력은 '우리 한번 무엇인가 해 보자'라는 의욕이 불러일으킨 힘이었을 것이다.

그로부터 3년의 시간이 흘렀다. 누구에게나 시간의 가치가 다르지만, 남양주시의 도시 디자인을 추진해 온 우리 모두에게는 계획하고, 부딪치고, 넘어졌던 쉼없는 시행착오의 시간이었다. 많은 사람들을 만났고, 수많은 공간에 적합한 디자인 방향을 찾기 위한 많은 토론과 협의가 있었으며, 그 과정 속에서 부족하나마 나름대로의 성과도 축적할 수 있었다.

그 중 가장 큰 성과는, 이러한 과정을 통해 우리에게 적합한 도시의 디자인은 무엇인가에 대해 나름대로의 방향을 설정한 것이었다. 물론, 주변에는 많은 해외 사례와 뛰어난 도시 디자인 이론이 있었고 모방의 이점도 있었으나, 그것은 어디까지나 참고 사항일뿐 우리에게 필요했던 정답은 지역 사람들에게 유용하고 장소에 뿌리 내린 새로운 접근이었다. 선진 사례라고 하지만 그들 역시 항상 새로운 문제로 고민하고 있으며, 실제로 알려진 것보다 더 많은 갈등이 존재하고 있다는 점도 간과할 수 없었다. 결국 지역의 디자인은 지역 공간 및 경관 현실에 기반하여 대원칙과 방향을 세우고, 적용을 위한 전략·전술은 항상 부딪치며 해결해야 한다. 이를 위해 우리에게는 추진하는 사람들의 역량과 지역 사람들의 특성 속에서 한계와 방향을 설정하고 많은 문제점을 헤쳐나갈 우리만의 독자적인 추진 방법이 필요했던 것이다. '사람들의 삶의 문화를 디자인한다'는 원칙도 이론적인 지식과 함께 경험적인 지식의 축적을 우리 스스로에 맞게 소화해 나가는 과정에서 얻어진 것이었다.

도시의 이미지에는 항상 눈에 보이는 요소보다 보이지 않는 요소가 더 영향을 미친다. 디자인을 하는 많은 사람들은 외형적으로 눈에 띄는 개성적이고 차별화된 것이 훌륭한 디자인이라고 생각하기 쉽지만, 시간에 따라 디자인의 가치는 바뀌며 같은 외형이라도 사람과 장소에 따라 디자인의 의미는 달라진다. 따라서, 아무리 뛰어난 디자인도 다른 곳에서는 의미 없는 구조물이 될 수 있으며, 때로는 지역 가치를 저해할 수 있다. 반대로 어떤 장소에서는 허술하고 볼품 없는 디자인이 지역 사람들에게 더 소중한 가치를 갖기도 한다. 디자인은 절대적인 가치보다는 사람에 따른 상대적인 가치를 지니며, 보편적 가치는 사람들과의 상호 관계에 의해 결정되는 경향이 강하다. 따라서 도시 디자인의 성과 역시 외형적인 공간보다는 그곳에서 살아가는 사람들의 삶과 의식으로 남는다는 것의 이해가 중요하다. 우리가 지금까지 해왔던 업무는, '우리'라는 것이 누구이고, '우리'가 무엇을 위해 도시를 디자인해야 하는가를 깨달아 온 과정이라고 해도 과언이 아니다. 우리는 그동안 많은 사업을 진행하며 처음에 세웠던 많은 구상과 목표의 절반도 이루지 못했지만, 소중한 사람들의 교류와 지역 공간에 대한 막연한 가치와 지표를 얻게 되었다는 성과를 남겼다. 그것이 지난 3년 동안 우리가 남긴 소중한 결실이다.

이 책은 지난 3년간 우리가 경험해 온 많은 시행착오에 대한 반성의 기록이다. 눈에 드러나는 성과보다는 지역에 가치 있는 것을 만들어보자고 다짐했던 초창기부터, 작은 성공과 실패의 과정, 그 속에서 가졌던 많은 고민, 사람들의 입장에 따른 공간의 가치, 앞으로 해나가야 할 과제까지, 향후 새로운 단계로 넘어가기 위해 다시 한번 되새겨야 할 내용들을 기록했다. 돌이켜 보면, 시대적인 흐름과 지역 공간의 개선을 위해 시작된 도시 디자인 업무가 이렇게까지 확대되리라고는 그 누구도 예상하지 못했을 것이다. 이러한 우리가 겪은 다양한 이야기가 우리에게는 새로운 단계로 나아가기 위한 반성의 지표지만, 지역에 맞는 도시 디자인 사업을 추진하며 고민하고 있는 많은 지자체의 담당자나는 그들을 리더라 부른다와 전문가, 시민 단체 등에게는 시행착오를 줄이는 참고 자료가 될 것으로 생각한다.

남양주시의 도시 디자인을 이렇게 추진할 수 있게 되기까지는 많은 이들의 참여와 노력이 있었기에 가능했다. 특히, 이러한 멋진 판을 지속적으로 벌일 수 있도록 해 주신 남양주 시장님, 보이지 않는 곳에서 뛰어난 자신의 역할을 해나가며 스스로 공간의 대안을 제시해 준 많은 주민들, 항상 늦게 퇴근하면서도 주민들과 고민을 나누고 실천적인 사업을 즐겁게 추진해온 디자인과의 담당자들과 관련 부서의 담당자들, 신선한 아이디어와 예술적 능력을 발휘해 준 지역의 예술가분들이 그 주인공이다. 또한, 이름 없이 묵묵히 자신의 자리에서 우리의 든든한 조력자가 되어 준 많은 분들과 남양주시의 디자인을 한 단계 높여준 자문 위원들은 항상 든든한 지렛대 역할을 해주었다.

우리의 도시는 그들의 힘으로, 그들을 위해 만들어진 것이다. 그리고 우리는 지금까지 해온 것처럼 사람들의 힘과 디자인 코드로 보다 성숙한 삶의 공간을 만들어나갈 것이다.

2011년 3월

이 석 현 씀

차 례

다 같이 하자 워킹그룹
I love you

어색한 시작

시청, 푸름이 방에서 처음 만났을 때는 너무도 어색하여, 서로 말을 거는 사람도 없었다. 새로운 시청 담당자도, 나도, 워킹그룹이 무엇인지도 몰랐고 여기저기서 모인 사람들도 마찬가지였다.

여기서 무엇을 이야기해야 할까에 대한 고민 끝에 무작정 '맥주나 한잔 하시죠'라고 제안을 했다. 그래서 시청 중회의실에서 처음으로 즉석 만찬이 마련되었다. 업무 시간 이후라 시간적인 제약도 없어 서로의 벽을 낮추고 긴장을 풀 여유가 어느 정도 생겼다. 다소 시간이 지나자 자연스럽게 남양주시의 경관을 위해 우리가 무엇을 할 수 있을 것인가에 대해 이야기가 오고 갔다. 그것이 남양주시 워킹그룹의 시작이었다.

첫 워킹그룹 모임에서 어색함을 달래기 위해 조촐한 맥주 파티를 열었다.

워킹그룹Walking Group은 특정한 목적을 위해 협력하여 일하는 단체를 일컫는 용어로 어디서나 많이 쓰인다. 특히, 일본에서 3년간 진행되었던 지자체 마을 만들기 사업 협력단의 명칭이기도 했다. 시민 단체와 행정, 전문가가 다양한 토론을 통해 각자의 입장을 대변하며 도시 만들기를 진행하는 과정이 나에게는 무척이나 신선했고, 남양주시 워킹그룹의 이름을 정하게 된 계기가 되었다. 물론, 외국에서 사용했던 명칭을 그대로 사용하는 것에 대한 거부감도 다소 있었지만, 우리에게 좋은 것은 얼마든지 받아들인다는 그 당시의 공감된 의식이 자연스러운 사용으로 이어졌다.

워킹그룹은 말 그대로 같이 일을 하는 단체를 의미한다. 이전까지의 많은 도시 정비 사업이나 디자인 사업, 경관 사업 등에서는 주민의 의견과 요구를 청취하기 위해 공청회나 설명회, 워크숍을 개최하는 것이 일반적이었다. 그러한 가운데, 도시의 디자인 사업을 위해 시민과 행정, 전문가가 다 같이 참여하는 모임을 본격적으로 만들어보자는 것은 굉장히 무모한 발상이었을지도 모른다. 물론, 그 당시는 그것이 얼마나 중요한 의미가 있는지 예측하기 힘들었기에 가능했을지도 모른다. 행정과 시민, 전문가 사이에는 항상 서로의 입장 차이가 있어 왔다. 서로를 다소 경계하는 것이 익숙해진 기존의 분위기 속에서 공동의 가치를 위해 벽을 허물자는 것은 말은 멋있게 들릴지 몰라도 실현 가능성은 아득히 먼 이야기였던 것이다.

도시 전체를 디자인한다는 것은 한마디로 너무나 어려운 일이다. 주거 단지를 만들고 광장을 만들거나 건축물의 일부를

creative namyangju city
the value of our City Life
아름다운 남양주시 만들기
Working Group회원모집

국내 처음으로 남양주시 도시경관 Working Group 회원을 모집합니다.
여러분의 참여로 남양주시 경관을 확~ 바꿀 수 있는 획기적인 제도입니다
남양주시를 사랑하시는 여러분의 참여 기다리고 있습니다.

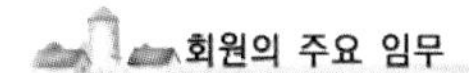

회원의 주요 임무

- 도시경관 조사 참여 및 모니터 활동
- 도시경관사업에 지속적 의견 개진
- 워크숍, 세미나 참석 등

* Working Group이란? : 시민, 전문가, 행정가가 모여 아름다운 남양주시를 만들기 위하여 함께 고민하고 해결해 나가는 단체

남양주시 도시계획과 도시이미지팀 Tel : 031-590-2375 Mobile : 019-9147-9752
이 순 덕 E-mail : joohyun713@hanmail.net

워킹그룹 모집 전단지. 부서 담당자들이 손수 수천 통의 주소를 적어 돌렸다.

디자인하고, 간판을 정비하고 가로를 정비하는 것도 도시의 이미지 형성에 중요한 역할을 한다. 하지만, 그러한 도시 외형과 구조의 일부를 만들고 개선하는 것이 표면적인 변화에는 도움이 되나, 그렇다고 해서 개성 있는 도시나 쾌적한 삶으로 직접 이어지지는 않는다.

도시의 디자인은 그 도시를 살아가는 사람들의 삶을 기반으로 하여, 살아 있는 공간의 움직임과 생활 양식, 심지어는 사람들의 의식과 경제적 활기까지, 우리 주변의 다양한 행태의 틀을 만들어나가는 작업이다. 이러한 것은 금방 만들어지지도 않으며, 만들어져서도 안 된다. 그렇게 금방 만들어진 곳은 재미있고 신선한 관광지가 될 수는 있어도, 개성적인 삶의 터전이 될 가능성은 이전의 역사가 말해 주듯이 매우 희박한 것이다.

공간에서의 '공감'과 '가치'는 그래서 더 중요한 의미를 지니며, 많은 사람들의 참여와 협의, 충돌은 그러한 가치를 확대시켜 공감의 폭을 넓힐 수 있게 한다. 새롭게 시작하는 도시의 디자인 사업에서 워킹그룹이라는 접근 방식을 시도한 것은, 모든 사업에서 '천천히 가더라도 같이 가자'라는, 소통으로 생활 문화를 만들어나가는 디자인 사업 진행에 대한 의지를 나타낸 것이었다.

공동의 책임과 역할의 분배

물론 워킹그룹이 단숨에 만들어진 것은 아니다. 행정 내에서도 부서마다 다양한 사업 특성과 업무 내용이 있어, 통합된 경관 또는 도시의 디자인이라는 방향으로 사업을 추진하기에는 많은 어려움이 따른다. 주민들의 디자인에 대한 민원 창구도 다양하고, 부서마다 추진 사업도 다양해 일관되고 체계적인 사업으로 추진하는 데에는 행정 내부에서도 다소 논란의 여지가 있었다.

그럼에도 남양주시에서 워킹그룹이 순조롭게 추진될 수 있었던 배경에는, 기존에 남양주시의 경관을 생각하며 비정기적으로 도시 디자인에 대한 다양한 논의와 활동을 해왔던 '경관동아리'의 역할이 컸다. 이들은 부서가 달라도 지역 경관이라는 단일한 주제를 가지고 내용을 공유해 왔으며, 워킹그룹이 결성될 때에도 그 역량이 그대로 반영되어 허물없이 디자인에 대한 이야기를 할 수 있는 기반이 되었던 것이다.

주민들 역시, 의식적으로는 지역의 발전에 대해 참여할 나름대로의 루트를 찾지만, 행정은 항상 어렵고 딱딱한 대상이며, 형식적인 자리만 제공한다는 고정된 선입견을 품고 있었다. 그 경계는 너무나 두텁고 풀어나가기 힘든 실타래와 같아, 단일한 공동 목표를 갖기 위해서는 서로가 조금씩 양보하고 목표 지점의 단일화, 명확한 역할을 모색하는 방안밖에 없었다. 그 이전부터 누구에게나 같이 하고자 하는 잠재적인 욕구가 있었지만 지금까지는 그것을 모아낼 수 있는 창구가 없었고, 워킹그룹은 그 시발점이 되었던 것이다.

익명성과 참여의 자율성

소통을 위해서는 누군가는 정성을 다해 통로를 열어야 한다. 소통은 우연한 기회로 주어지기도 하지만, 지속적인 자기 개방의 노력이 뒷받침되어야 한다. 우선 디자인과의 담당자들은 늦은 시간까지 전단지의 내용을 작성하고, 주소를 일일이 손으로 적어 가능성이 조금이라도 보이는 사람들에게 수천 통의 참가 전단지를 발송했다. 행정 내부의 경관 동아리 회원을 제외하고는 몇 명이 모일지도 모르는 상황에서 일단 시작을 해보고, 다음으로 대안을 찾아나가는 방법밖에는 선택의 여지가 없었다. 지금 생각하면 인터넷이나 행정의 공적인 루트를 통한 더 수월한 방법이 있었음에도, 그러한 무모한 접근방식을 취한 것에 대한 아쉬움도 있지만,

워킹그룹 답사. 끊임 없이 토론하고 우리에게 맞는 것을 찾아 나간다.

그러한 아날로그 방식이었기에 사람들에게 마음으로 보다 쉽게 다가갈 수 있었다고 생각된다.

누가 올지도 모르고, 참여하는 '우리'에 대한 구체적인 실체가 없는 것은 지금도 마찬가지다. 누군가 이런 질문을 했다. 그 '우리'의 실체는 무엇이냐고. 조직이 체계적으로 활동하기 위해서는 여러 가지 강령이나 회원을 체계적으로 관리할 규약이 필요하다고 생각하나, 워킹그룹 내부는 들어오고 나가고에 대한 특별한 지침이 없었다. 오고 싶으면 오고, 가기 싫으면 안 가도 된다. 말 그대로 진심어린 성의를 가진 사람들만이 참여하는 공간이다. 그러한 것에 동의하는 사람들은 누구나 워킹그룹의 멤버다. 나는 쉽게 '유령 집단'이라는 말로 표현하는데, 평소에는 없다가도 불현듯 나타나고 항상 그림자를 드리우는 존재라는 의미에서다.

첫 모임에서는 워킹그룹의 의미와 우리가 무엇을 해야 하는가에 대한 이야기부터 시작하였다. 우선 어색함을 허물고 우리가 해야 할 것에 대한 이야기를 나누었지만, 국내에 이러한 전례가 많지 않았던 상황에서 첫 모임부터 뚜렷한 목표를 세운다는 것은 쉬운 일이 아니었다. 대신, 짧은 토론 겸 만찬을 통해 지금까지 행정 중심의 일방적인 디자인 사업이 아닌, 다양한 사람들의 소통을 통해 보다 우리에게 적합한 디자인으로 만들어나갈 것과 워킹그룹이 그러한 진행의 중심에 서서 다양한 활동을 모색해보자는 것으로 그날의 모임은 정리되었다.

물론, 구체적인 활동의 상은 그려지지 않았지만, 일방과 구색이 아닌 자율적인 소통을 통해 우리 주변을 디자인해보자는 점에서는 적지 않은 공감이 생겼다. 같이 할 수 있다는 것을 서로가 이해하기 시작한 것이다. 그 가운데, 진행을 맡았던 우리도 나름대로의 원칙을 세웠다.

행정과 시민, 전문가가 지역의 디자인을 같이 만들어나가자.

이것은 향후 진행하게 될 모든 도시 디자인 사업의 원칙이 되었다. 어떻게 전개될지 모르는 기나긴 도시 디자인의 여정에서 다양한 주민들과의 교류 속에서 의견을 모으고, 공감을 통해 자신들의 공간을 스스로 디자인해 삶의 문화로 정착시키기 위한 첫발을 내디딘 것이다.

지역의 디자인은 우리가 만든다

매력적인 도시 디자인을 위해서는 행정과 주민, 전문가, 어느 누구 하나 중요하지 않은 사람이 없다. 이것은 모든 사람들이 자신들의 공간을 위해 나름대로의 역할을 충실히 해나가는 삶의 과정이다. 이러한 과정에서는 '행정은 주고, 주민은 받는다'나 '주민이 하고 행정은 방관한다'와 같은 기존의 사고방식 자체가 문제가 된다.

우선 이것을 '도와주시면 열심히 할게요'나 '열심히 할 테니 도와주세요'가 아닌, '해 주세요', '같이 할 테니, 당신들도 이것을 합시다'라는 의식으로 변화시켜내는 것이다. 역으로 '상황이 이러하니 이해해 주세요'와 같이 주민에게 일방적으로 통보하는 행정의 자세도 '같이 합시다'라는 태도가 기본이 되도록 할 필요가 있다. 즉, 모두가 디자인 사업의 책임 주체가 되는 것이다. 공적인 공간인 버스 정류장과 건축물, 가로와 녹지, 가로등과 색채 등을 정비하는 것도 중요하다. 하지만 주택의 외부와 대문 앞, 내 건물의 앞과 외벽 등이 차지하는 사적인 공간이 도시에서는 훨씬 넓다. 도시의 디자인은 이 모든 것이 대상이 되며 모두의 참여만이 공간의 질적인 변화를 이끌 수 있다.

쾌적한 도시를 만드는 과정에서는 행정이 할 수 있는 역할보다는, 상점 앞에 쓰레기 봉투나 물건을 쌓아두기보다 화분이나 의자를 가져다 두는 일상적인 주민의 마음 씀씀이와 행동이 더 큰 역할을 한다. 결과적으로 같은 외형의 디자인일지라도 그것을 어떻게 진행하였는가에 따라 사람들이 느끼는 감동은 달라지는 것이다. 한편으로 시간이 지난 뒤에도 그러한 디자인이 '축적'되느냐, 일시적으로 '포장'되느냐의 차이도 생겨난다. 그렇기 때문에 힘들더라도 같이 해야 하는 것이다.

모든 디자인 평가와 워크숍, 토론회 등에서 그들은 중심이 된다.

디자인 사업을 진행하는 '우리'란, 말 그대로 공간의 주인이라고 생각하는 '우리'이며, 워킹그룹은 그러한 우리를 넓혀 나가기 위한 하나의 시도인 것이다. 멤버들은 이 안에서는 디자인이 무엇이고, 도시를 어떻게 이해하고, 우리가 지역의 디자인을 위해 무엇을 할 수 있을까라는 고민을 이야기하지만, 이들이 각자의 위치와 역할로 돌아가 '우리'의 의식을 확대해나가면 그 힘은 놀라울 정도로 확산될 것이다.

남들이 모방할 때, 우리는 항상 새로운 것만 한다

3년이라는 아주 짧은 시간 동안 멤버의 수는 거의 70명을 넘어서게 되었다. 보이지 않는 곳에서 활동하는 사람들을 생각하면 더 많은 인원이 될 수 있겠지만, 수는 그렇게 중요하지 않다고 생각한다. 지금까지 해온 활동의 대다수는 사업 평가의 참가와 답사, 지역 디자인 사업을 논의하는 주체로서의 활동이 중심이 되어왔다. 행정의 멤버들은 각자의 부서에서 디자인 협의와 실천의 중심 역할을 하고 있다. 전문가들도 남양주에 적합한 디자인 원칙을 사업 속에 반영하고 있는 등, 다양한 사업에서 남양주 도시 디자인의 사고를 확산시키고 있다. 조금씩 보이지 않는 지역 디자인의 기반을 다지는 유령 역할을 하고 있는 것이다. 지금은 이러한 워킹그룹의 소통의 진행방식이 디자인 분야만이 아닌 시 행정 전 분야로 확산되고 있다. 흔히 말하는 '시민 행정'의 기초를 만들어 나가는 것이다.

보다 좋은 도시를 만들어 나가기 위해 무엇인가 진행하고자 할 때, '충돌'은 피할 수 없는 과정이다. 충돌함으로써 서로의 차이와 다양성을 이해하고, 조율할 기회와 공통된 관점을 바라볼 수 있게 된다. 따라서 충돌을 두려워하면 아무것도 시작할 수 없다. 마찬가지로 사람들이 다양하게 모이면 배가 산으로 가기도 하지만, 든든한 조력자가 많아지게 되어 부서의 담당자나 지역의 리더가 바뀌더라도, 원칙의 씨앗은 계속 가져나갈 수 있게 된다. 이러한 시행착오는 사람을 통해 전해지는 것이다. 디자인에 힘이 되는 모든 사람이 같이 할 수 있는 분위기를 만드는 짧은 과정은, 우리의 원칙은 우리 스스로 정할 수 있다는 경험과 자신감으로 이어진다.

2009년 마지막 모임에서는 '남들이 모방할 때, 우리는 오리지널만 만들자'라는 이야기를 하게 되었다. 그러면 다른 곳에서 우리의 디자인 방식을 가져가고, 우리는 또 새로운 것을 고

워킹그룹 야외 답사. 남양주시에 관심이 있다면 누구나 워킹그룹의 멤버다.

민하고 만들면 된다는 것으로, 그 방식의 열쇠가 '지역에 맞는 자율적 참여'의 확대다. 워킹그룹은 아직 비영리 조직[MPO]이 될 정도의 역량을 지니고 있지는 못하지만, 향후 시의 관리 차원에서 독립된 시민의 자율적인 운영을 지향하고 있다.

우리가 얼마나 오랫동안 남양주시의 디자인을 같이 고민하고 만들어나갈 수 있을지는 아무도 모른다. 하지만, 같이 해나가는 사람들의 확산은 지속적인 디자인 의식의 확산을 통해 남양주시식 삶의 공간을 만들어나가는 유전자를 전파시켜 나갈테고, 50년, 아니 100년 후의 더 나은 도시의 미래를 생각하게 될 것이다. 또한, 그 생각이 행정의 변화나 외부의 압력으로 쉽게 흔들릴 우려도 적어질 것이다.

이것 또한 워킹그룹의 힘이다.

TIP 주민 참여의 디자인의 수법

20세기 후반부터 세계화와 다양화의 흐름을 타고 전 세계는 지역 자치와 지역 문화의 독자성이 중요시되는 시대로 접어들었다. 또한, 주거 환경의 개선과 가로의 활성화를 통해 주민들 스스로가 지속적으로 생활해나갈 수 있는 창조력이 넘치는 도시는 향후 도시가 지향해야 할 모델로 자리잡게 되었다. 특히, 주거 환경 정비와 같은 지구 경관의 부분적 수복과 지구 보전, 경관의 지속적 정비를 위한 협정 등, 도시 재개발 및 낙후된 공간의 재생, 상가의 활성화, 정주 의식 제고, 역사적 거리의 재생 등에 참여형 디자인은 적극적으로 도입되고 있다.

기존의 도시 공간에서 참여는 주로 환경 개선이나 재개발에서의 권익 보호 등에서 주로 이루어졌다. 그러나 전국적인 택지 재개발과 도시화의 확산은 공해 문제와 교통 문제, 주거 안전성 위협, 열악하고 획일적인 경관 등 도시 환경 전반을 저하시켰고, 그러한 제도와 환경 개선에 주민이 적극적으로 참여하면서 진행되었다. 선진 도시의 개발 및 주거 정책의 경우, 거주민의 독자적인 활동을 장려하기 위한 제도적·제정적 지원을 확보하고, 지역 개선 활동에 주민의 적극적인 참여를 유도한 것이 원동력이 되어 지금과 같은 도시로 발전시켜 온 것은 주지한 사실이다. 국내에서도 개발 위주의 양적 발전에서 쾌적한 생활 경관의 조성이나 커뮤니티의 활성화와 같은 교류를 기반으로 다양성, 경제적 활기를 모색하는 질적 발전 위주로 전환되고 있는 추세다.

그러나 주민 참여라고 해서 모든 것을 주민이 원하는대로 한다는 의미는 아니다. 주민을 주체로 행정과 전문가 등 모든 사람들이 원동력을 집결하여 도시를 만들어나가는 것이다. 주민 참여형 마을 만들기를 주민 주도형, 행정 주도형 등으로 분류하는 경우도 있으나, 모든 마을 만들기는 주민 주도형을 기본으로 하여 단계별로 진행하는 것이 바람직하다고 생각된다.

앞으로 주거 지구의 디자인 개선에서 주민 참여의 역할은 더욱 높아질 것이다. 특히 우리의 일반적 주거 형태가 공동 주택에서 커뮤니티의 활성화를 기반으로 한 융합형 주거 형태로 전환될 때에는 도시의 활기를 좌우하는 가장 중요한 요소로 그 역할이 더욱 높아질 것이다. 외면의 쾌적함만이 아닌 교류와 창의성을 높이고, 내면의 쾌적함으로 지역의 개성을 이루며 발전되어가는 것이다.

도시 공간을 디자인할 때 나눌 수 있는 주민의 참여 단계는 경관 관련 정책의 입안, 경관의 평가, 경관의 관리 등이다. 추진 방식은 지역과 가로의 커뮤니티 현황, 가로 경관의 정비 정도, 경관 자원의 축적 정도, 리더와 조직력의 정도에 따라 다르다. 각 지역의 현실적 상황과 조건에 적합한 추진 방법을 선정하는 것이 중요하다. 그러기 위해서는 지역에 대한 객관적이고 면밀한 지역 및 대상지의 평가부터 진행해야 한다.

참여의 원칙으로는, ① 상호 간의 존중과 협의, ② 계획과 관련된 당사자들 모두의 참여, ③ 협의의 민주적 절차와 유연성, ④ 참여자들의 알 권리, ⑤ 정보의 공유, ⑥ 수행에 대한 책임감의 6개 항목이 기본이 된다. 또한, 주민과 행정, 전문가의 파트너십과 정책의 지속성으로 커뮤니티의 자생력을 증대시키는 것은 마을 만들기 사업이 일회성 사업에 그치지 않고 삶 속에서 정착될 수 있도록 한다.

참여형 디자인 진행에 있어서는, 우선 지역의 장점과 단점, 문제점 등을 파악하기 위한 공동의 조사와 분석이 있으며, 이를 기반으로 공동의 목표를 구상하는 과정이 필요하다. 여기서는 표면적으로 보이는 디자인의 문제점만이 아닌 삶을 기반으로 한 생활방식을 충분히 검토하여야 하며, 다양한 의견을 수렴하고 참여를 확대해 나가는 것이 중요하다.

샤렛(Charrette)이나 워크숍(Workshop)은 주민의 자연스러운 참여를 이끌어내는 효과적인 방법이다. 시뮬레이션 평가나 모형을 가지고 개선 방향을 모색한다면 모든 사람이 편하게 참여할

단계	내용
1. 목적의 설정	경관형성의 방향성
2. 사전준비	도시의 현황 파악 커뮤니티 및 물적 현황 지구 특성 등의 종합적인 검토
3. 알기 쉬운 규칙 설정	주민 협정(옥외 광고물, 거리 정비, 디자인) 지원 체계의 확립 협의 체계 구축
4. 지속적인 교육 홍보	제규칙의 홍보 참여 주체들에 대한 지속적인 교육 사례 탐방 및 설명회 개최
5. 추진 체계의 확립	주민 모임의 결성 공동 연락 체계 편성 정기적 / 비정기적 활동 장려 지원 체계 확립

주민 참여의 디자인 추진 단계

수 있을 것이다. 유사 사례를 답사하거나 자신의 마을에 대한 장단점을 공동으로 조사하고 토론하면 스스로가 가진 잠재적 가능성을 발견할 수 있게 된다. 조사 결과를 지도나 사진으로 정리하여 단계별 변화를 파악하게 하는 것은 스스로가 가진 정체성의 흐름을 이해하기 쉽게 한다. 또한 진행 과정에서 전문가와 같은 조력자의 협력은 이러한 흐름을 보다 부드럽게 할 수 있는 윤활유 역할을 한다.

주민을 참여시켜 경관을 평가하는 것은, 도시든 농촌이든 그 지역의 환경이나 경관 현황을 그곳에 살고 있는 주민이 잘 알고 있기 때문이다. 하지만, 무엇보다도 주민들이 경관 평가에 참여하는 동안 자신들이 살고 있는 지역의 경관 현황을 객관적인 눈으로 파악하는 기회를 갖도록 하는 데 의의가 크다.

즉, 그 지역에서 보전해야 할 대상 또는 우선 개선할 대상을 파악하면서 단기 또는 중장기적으로 추진해야 할 관리 계획 또는 정비 사업 등의 계획을 세우는 데에 참여함으로써 경관 관리 활동에의 적극적인 참여를 유도할 수 있게 된다. 이러한 경관 파악 및 관리 계획 수립에 참여를 높이고, 주민들의 실천 근거를 경관 협정에 담게 되면 보다 효율적 및 자율적으로 경관을 형성하고 관리할 수 있게 된다.

공동 조사를 통해 지역을 이해하고 계획한다.

주민 참여 디자인은 장소와 구성원 특성에 따라 달라지지만 일반적으로 다음과 같은 진행 방법과 관점을 기본으로 하면 효과적이다.

가) 과정의 공유 – 공감과 파트너십 형성

· 전 과정에서 주민 대표의 참여
· 주체를 육성하고 지속적으로 관리
· 연락 체계와 정보망의 구축
· 정보 열람의 간소화와 정보 공개의 원칙
· 우수 모델의 발굴, 확대

나) 비전의 제시 – 책임과 역할의 분담, 개성적 디자인의 장기적 추진

· 목표 의식과 장기적인 도시 이미지상의 공유
· 구체적인 참여 방안의 제시
· 우리 마을의 지키고 싶은 곳 가꾸어가기(거리, 풍습)
· 우리 마을의 부끄러운 곳을 자랑거리로 바꾸기(설치물)
· 장기적인 사적 영역의 개선 방향을 제시

다) 공동의 경관자원 조사 – 차이를 줄이고 문제 의식의 공유

· 주민들이 생각하는 지역의 문제점 파악
· 지역의 기억을 디자인 자원으로 활용
· 행정, 전문가, 주민의 협업 체계 확립을 위한 가장 쉬운 방법

라) 알기 쉬운 접근 – 모두가 편하게 주인으로 참여

· 구체적인 참여 방법의 제시
· 가이드라인과 조례의 활용

· 행정의 권위주의 지양, 장기적인 접근법의 제시

마) 지속적인 조직의 구성 - 파트너십의 구축과 정착

· 협의체의 구성과 지원

· 거리 만들기 지원 체제의 설치

· 장기적인 지원책의 실시와 재원의 확보

· 리더의 정기적 모임 실시

이러한 각 경관 유형의 특성을 고려한 디자인 관점과 접근방법은 기본적인 공간 디자인 방법과 흐름만을 축약한 것으로, 실제로는 더 많은 방법과 사례가 있다. 또한, 새로운 공간이 생길 때마다, 새로운 도시 철학이 형성될 때마다 새로운 디자인 수법이 생겨날 것이다. 그러나 그 기본에는 사람의 생활과 삶의 가치를 지속적으로 구축해나갈 환경 조성에 목적이 있다는 점은 영원히 변하지 않는다. 더 나아가 사람만을 위한 디자인에서 자연과 완전히 공존해갈 관점으로 디자인 의미를 확대시키는 것도 중요한 과제다.

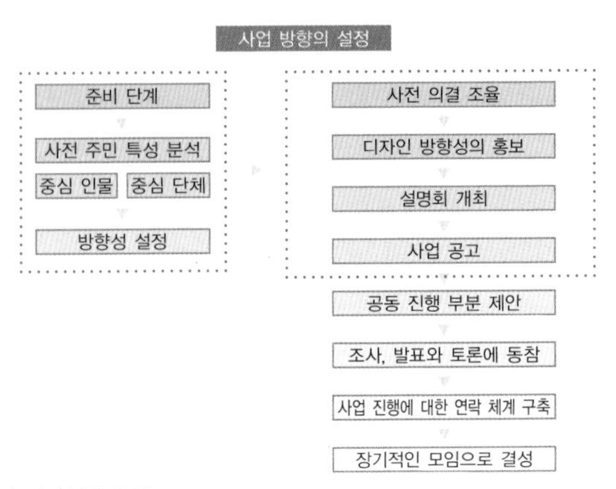

주민 참여 디자인의 흐름

주민 참여의 방법

구분	참여 도구	내용
주민 조직화	활동 주간	한 구역에 주제 선정, 집중적 사업진행, 분위기 유도
	설명 워크숍	사업 방향과 주민 참여의 방안 대안 제시
	지역 탐구	지역의 실제 문제를 파악
	공공 디자인 계획 사무소	지역에 대한 전문적 지원과 협의 장소 제공
	참여자 모임	참여자에 대한 조직화 단계, 지속적 활동 관리 필요
	지도화	알기 쉽게 사업을 설명하고 참여를 유도
지역 사업 진행	사진 합성	현재의 지역 상황 파악이 용이
	아이디어 공모	지역 간의 경쟁심과 질적 향상에 기여
	지역 지도화	지역의 공공 디자인 자원의 확보
	사진 조사	누구나 참여 가능한 지역조사 수법
	답사	공공의 문제를 공유
	마을 탐방과 해설	지역 주민이 지역의 문제를 이해하고 정리
	우수 자원 주민 투표	자원 발굴과 활동의 격려
계획안 작성	모형 제작	디자인의 이해와 흥미 유발
	공공 디자인 포럼	서로 간의 자유로운 의견 교환
	디자인 축제	지역의 디자인을 제안하고 공유
	미래 정책 회의	주민과 이해 당사자들의 의견 조율과 도출
	세부 계획 워크숍	구체적인 사안에 대안 구체적 토의
	거리 전시회	다양한 사람들의 참여가 가능
	거리 조사	공공의 문제점을 대중적 참여로 확보
	실내 기획 전시	사업안에 대한 주민의 의견, 호응도

출처: 커뮤니티 플래닝 핸드북(미세움, 2008)

도시를 만들어내는 사람 만들기

남양주시 도시디자인과
디자인계획팀장
이 순 덕

도시 만들기는 영원히 계속되는 과제이며, 현재뿐만 아니라 다음 시대의 과제도 항상 내포되어 있다. 따라서 그것을 새로운 눈으로 발견하여 문제를 제기하고 조금이라도 바람직한 방향으로 나아가게 하는 방책을 생각하고 움직이도록 해나가야 하는 것이다. 어려움은 많으나 그 어려움 자체가 즐거운 꿈이 되는 그런 일이다.

도시 만들기와의 인연은 2006년도부터 시작되었다. 당시 공무원 조직 내부에서도 혁신의 바람이 불기 시작할 때 잠자고 있던 나의 사명감은 불타오르기 시작했다. 시작은 다들 어렵다고 하는 그린벨트 단속팀장을 하며 경관의 중요성을 인식하게 되었고, 난개발로 인한 경관의 훼손과 난립하고 있는 고채도 옥외 광고물도 나의 마음을 자극하기에 충분했다.

더 이상 보고 있을 수만은 없어서 2007년 1월 뜻을 같이하는 직원 11명이 도시 이미지 학습 동아리를 조직했다. 모두들 같은 생각을 하고 있었고 어떠한 일도 할 수 있다는 자신감을 가지고 있었다. 그 후로는 일과 후에 모여 학습을 시작했고, 모두들 주위를 새롭게 보기 시작했으며, 서로의 든든한 후원자가 되었고 점차 회원수도 늘기 시작했다. 2007년 4월 희망제작소에서 개최한 '아름답고 살기 좋은 마을을 만드는 방법'이라는 주제의 경관 포럼에도 참석하였다.

그 당시에는 지자체에서 도시 경관에 대한 관심이 시작되기 전이었기 때문에 지자체 학습 동아리에서 도시 경관을 고민하며 참가했다는 사실이 참석자들에겐 큰 화제였다. 이것이 계기가 되어 지금의 전문가들과의 네트워크가 구축되었다. 지금은 노하우(Know-how), 노웨어(Know- where) 못지 않게 노후(Know-who), 즉 누구를 알고 있는가가 중요한 시대가 되었다. 우리와 함께 일할, 그리고 우리를 이끌어줄 핵심 인물 네트워킹을 지속적으로 관리하고 확장하는 것이 필수인 시대다.

그 후, 2007년 9월 드디어 모든 사람의 기대와 염려 속에 도시계획과에 도시이미지팀이 만들어졌다. 일찍부터 CEO가 도시 경관 정책의 중요성을 강조하고 있었던 터라 생소한 일은 아니었고 남양주 경관 계획이 새롭게 시작된 의미 있는 일이었다.

도시 만들기는 다수의 주체가 오래 걸려서 만들어내는 공동작품이다. 주체가 들어오기도 하고 나가기도 하지만 작품은 계속해서 만들어진다. 각각의 관계되었던 사람들이 공동 작품으로서 전체를 보면서 자신들이 어떻게 하느냐에 의하여 작품은 좋아지기도 하고 나빠지기도 한다. 우리에게는 많은 주체들이 어떻게 도시 만들기에 참가하도록 만들 것인가가 열쇠였다. 도시 만들기의 주체가 시민인 이상 시민의 한가운데에서야말로 도시 만들기는 시작되어야 한다고 생각된다. 시민 중에는 행정 이상으로 도시 경관에 관심을 가진 사람이 훨씬 많다. 다만, 그 사람들은 발굴되지 못했거나, 기회를 얻지 못했을 뿐이다. 그러한 사람을 찾아내서 충분한 힘을 발휘하게 하는 것도 자치 단체 행정의 중요한 역할이다. 그래서 뜻있는 시민을 모아 아름다운 남양주시 만들기 워킹그룹을 조직하고, 2007년 11월 18일 「경관법」 시행에 맞춰 워킹그룹 활동을 시작했다. 그들은 도시를 새롭게 보기 시작했고 도시에 애정을 갖기 시작했다.

의미 있는 일들

보람된 일 중의 하나는, 팀이 신설되기 전 여성 교육을 담당하고 있을 때 진행한 문화체육관광부 「2007 일상장소 문화생활공간화 기획·컨설팅」 공모 사업이다.

도시 경관 부서가 없는 상태에서 학습 동아리에서 도시 경관을 개선하기 위한 열정으로 사업에 공모하였고, 국비 55백만 원을 지원받아 우리는 값진 성과물을 얻을 수 있었다. 남양주시 경관의 통일감과 연속성을 높일 수 있는 옥외 광고물 환경 색채 가이드라인, 남양주시 표준 120색 개발, 공장 및 축사의 지붕색을 개발할 수 있었다. 이제 시민들은 주변 환경과 자연스럽게 어울릴 수 있는 색채를 쉽게 선택할 수 있게 되었다.

남양주는 실학의 봉우리를 만드셨고 백성을 사랑한 목민관 다산 선생의 고장이다.

관광 부서에서 다산로 조성 사업을 추진하면서 중앙선 개통 시부터 형성된 오래된 옹벽에 파타일(옹벽 벽화)로 디자인 사업을 한다는 것을 알게 되었다. 행정 절차가 많이 진행되어 계약을 앞두고 있었다. 도시 경관 형성에 있어서 자연 환경과의 연속성 강화는 필수적인 사항으로 자연의 연속성을 해칠 수 있는 이 사업을 방관할 수만은 없었다. 아무리 고민을 해도 해당 부서에 직접 얘기해서는 사업의 방향을 수정할 수 없다는 결론이 내려졌다. 큰 각오가 필요했다.

일단 CEO에게 사업 추진 방향을 재검토해 달라고 보고를 했다. 전면 재검토 지시가 내려졌고 회원들과 현장 답사를 하여 많은 아이디어를 도출했다. 이 옹벽에는 남을 비난하는 글은 어디에도 찾아볼 수 없고, 단지 사랑의 낙서들로만 가득했

다. 지금쯤 성공한 커플도 있을 것이고, 남몰래 추억으로만 간직해야 하는 애틋한 사랑도 있을 것이다. 수많은 사람의 스토리가 간직된 장소인 것이다. 언젠가는 낙서 주인공의 커플들을 찾는 이벤트를 개최하고 싶다. 아마 독자 중에도 이 낙서의 주인공이 있지 않을까 한다. 최종적으로 전문가들에게 자문을 받아 사업의 방향이 최소한으로 수정되었다. 그 뒤 담당 부서에게서 어떤 비난을 받았는지 굳이 말하지 않아도 짐작될 것이다. 그렇지만 한 공간을 지켜냈다는 것이 보람되었고 인근에 갈 일이 있으면 꼭 그곳을 지나가며 미소를 짓는다.

도시이미지팀이 만들어지고 오래되지 않아 위생부서로부터 협조 요청이 왔다. 한 마을을 음식 문화 거리로 지정하여 많은 개선 사업을 하여 축제 등이 열리고 있으나 정작 마을의 주 출입구가 열악해 이미지 손상을 주고 있으니 개선해 달라는 것이었다. 사업비를 책정하고, 주민들의 이야기를 수렴하기 위해서 워크숍을 개최했다. 주민들의 반응은 싸늘했다. 시에서 주민을 불렀을 때는 무언가 성과물을 보여주고 얘기를 해야지 아무것도 보여주지 않으면 어떻게 하냐는 것이었다. 지금까지 우리 행정은 최종 마스터플랜을 수립하여 주민 설명회란 과정을 통해 몇 가지 의견을 듣고 반영 여부를 결정해 일을 추진해왔다. 주민들은 그러한 과정에 익숙해져 있던 것이다. 왜 계획 단계부터 주민이 참여해야 하는가에 대하여 이해를 구하고 그날의 워크숍을 마쳤다.

1차의 주민 의견을 반영하여 2차 워크숍을 개최했다. 첫번째와는 달리 분위기가 놀랍도록 긍정적으로 바뀌었다. 우리의 진정성을 이해하게 되었고 이 사업에 그들이 애정을 갖게 된 것이다. 워크숍 과정을 거치면서 마을 주민들이 사업에 사용될 병뚜껑을 모으기도 했다. 이런 과정을 몇 번 더 거치면서 사업이 진행되었다. 사업이 완료되고 주민들은 마을 잔치를 해야 한다며 손수 음식을 준비해 잔치를 열었다. 그 뒤 얼마 지나지 않아 마을 대표 두 분이 찾아오셨다. 대형 집게 차량이 통행로를 통과하다가 작품을 훼손하여 직접 업체를 찾아가서 복구를 시켰다고 한다. 예전 같았다면 그대로 무심하게 방치하거나 시청에 전화해서 조치해달고 했을 것이다. 이젠 공공의 영역이라 불리는 그곳을 그들의 것으로 받아들여 애정을 갖고 지키는 지속 가능성을 확보한 것이다. 디자인의 수준을 논하기에 앞서 성공적인 프로젝트라 자부하고 있다. 다른 모든 사업에서도 이러한 참여 방식을 시작하게된 계기가 된 것이다.

그 외에도, 국도 46호선이 확장되면서 발생된 법면에 지역 작가들의 아이디어 중에서 선정하여 설치한 거리 디자인 사업도 의미 있었다. 지구의 평화를 기원하는 염원을 담아 2011 제17차 세계유기농대회 IFOAM OWC 개최를 기념하기 위하여 IFOAM에 가입한 108개국을 중심으로 '사랑해요'라는 말을 각 나라의 언어로 표현하고 대나무를 심었다. 지역 주민은 물론 외국에서 방문단이 올 경우 반드시 경유하여 기념 촬영을 하는 명소가 되었다 한다. 그들에게 대한민국의 한 도시를 기억하게 되는 매력적인 장소가 된 것이다.

또한, 2009년에는 일자리 창출 사업인 희망 근로 사업과 연계하여 한강 수계권역으로 지역 특성상 문화·경제적으로 낙후성을 면치 못하고 있는 마을에 지역 작가와 함께 마을 미술 프로젝트를 진행하였다. 사업의 목적은 주민들에게 문화적 향유 기회를 주고, 서로 소통하여 건강한 지역 사회를 복원해내는 것이었다. 시작 단계부터 주민들과 함께 진행하여 점차 지역 커뮤니티가 형성되기 시작했다. 작품이 설치되는 곳의 토지주에게 승낙을 받아내는 일, 상호를 알리는 무질서한 대형 간판의 정리도 주민들이 이뤄낸 성과다. 지금은 주민 스스로 기금을 만들어 영농 법인을 등록하고 민들레 재배 사업을 시작했으며 다른 다양한 프로젝트도 신나게 계획 중이다. 이 외에도 이루 말로 다 할 수 없는 많은 일들과 시도를 해 왔었다.

보이지 않는 도시 만들기

3년이라는 길지 않은 기간에 많은 일들을 했다. 도로 경관을 주제로 국제 심포지엄과 샤렛 개최, 수준 높은 디자인을 구현하기 위한 디자인 전문 기관과의 디자인 협약 운영, 외지인의 눈으로 남양주시를 돌아보고 시민의 관심을 유도하며 창의적인 아이디어를 얻기 위한 대학과의 도시 경관 연구와 포럼 개최, 시민의 의식을 전환하기 위한 디자인 교육과 벤치마킹, 남양주 전역에 개성적인 경관을 형성하기 위한 거점 만들기 사업 등, 그간의 과정을 글로 쓰자면 몇 권은 족히 될 것이다. 그러한 일들의 궁극적인 목적은 보이지 않는 도시 만들기다.

도시 만들기는 일견 화려하게 보인다. 큰 도로와 교량과 철도가 개통되거나 거대한 건축물과 재개발 사업이 완성될 때에는 그렇게 보일지도 모른다. 그러나 그러한 사업은 도시 만들기 가운데 하나의 사업에 지나지 않는다. 도시 만들기는 보다 견실하고 장시간이 걸리는 일이다. 도시 만들기는 시작은 있어도 끝은 없다. 장시간에 걸쳐 계속적으로 행함으로써 그 효과도 생겨난다.

여기에 열거한 몇 가지 사례는 현재의 조건 속에서 도시 만들기를 목표로 진행해 온 것이다. 사람들은 눈에 보이는 것으로 평가하지만 장기간에 걸쳐서 추진되는 도시 만들기는 사업이 눈에 보이기까지에는 많은 곤란과 노력이 계속된 후인 것이다. 도시 만들기의 기초가 되는 인재와 사고방식, 구조를 만들어 나간다면 어떤 때라도 계속적으로 생동하는 도시를 만드는 일이 가능한 것이다. 도시 만들기는 항상 미래를 위해서 존재한다. 미래는 우리와 그 뒤를 잇는 이들의 손으로 차츰차츰 실현될 수 있을 것이다.

지역의 색채를 만든다
I love you

허물어진 개성

남양주시는 서울과 경기도의 동쪽에 자리 잡은 도시다. 시의 반 가까이가 그린벨트로 묶여 있을 정도로 자연 경관이 넓고 수려하며 수도권의 상수원인 북한강이 흐르고 있는 곳이기도 하다. 천마산과 운길산 등의 산악이 시의 외곽을 둘러싸고 있으며, 시내 곳곳을 왕숙천 등의 생태 하천이 도시를 가로질러 흐르고 있다. 시의 도심은 경기도의 다른 지역과 마찬가지로 지방 도로의 발달로 인해 수도권 외곽 도로가 이곳저곳을 통과하고 있으며, 지역 곳곳에 마을이 분산되어 있는 전형적인 다핵 도시의 구조를 가지고 있다.

이러한 도시에 지역마다의 고유한 생활 양식과 도시 형태가

남양주시 곳곳에 들어선 창고 건물의 친환경적(?) 색채.

남아 있다면 지역의 개성적인 디자인을 만들기 위한 유리한 조건이 된다. 반대로 지역의 개성을 나타내는 양식의 보전 등이 미약한 상태에서는 작은 개발에 의해서도 지역 환경 전체가 쉽게 열악해진다. 즉, 다핵의 다양성을 가지기 쉬운 반면, 분산이 가속화되면 본연의 정체성 기준이 완전히 사라져버릴 위험도 내포하고 있는 것이다.

남양주시는 지금까지 통일된 기준으로 도시 경관을 관리한 곳이 아니었다. 우리나라의 도시 대다수가 그러하듯, 도심의 개발과 확장, 가로와 건축물, 시설물의 무분별한 설치는 각 도시가 지닌 본연의 특징을 분산시켰고, 자동차를 우선적으로 배려한 과속·과잉 경관이 도심 곳곳에 형성되었다.

우리가 처음으로 도시 디자인을 진행하고자 했을 때, 남양주시 전역은 곳곳에 막 들어선 아파트 단지와 외곽 도로의 어지러운 간판, 파란색과 노란색 지붕을 얹은 공장들, 걷기 힘든 좁고 단절된 보행자 도로, 육교와 공공 건물 곳곳을 장식한 현수막으로 뒤덮여 있어, 도심에서 살고 있는 사람들에게나 방문하는 사람들에게 매력을 전해줄 수 있는 풍경은 거의 드물었다. 심지어 자연 경관이 수려한 곳에서도 조화롭지 못한 기이한 건축물과 공장 시설물이 난립하였고, 홍유능과 사능, 모란 공원 등 지역의 역사를 대표하는 공간의 앞쪽까지 현대화된 건축물이 가로막고 있는 상황이었다. 시각적 풍경으로서의 축과 핵, 거점, 구획의 구분이 거의 상실된 상태였으며, 다핵도시로서의 특징은 행정적인 구분에 그치고 있었다. 한마디로 답이 안 보일 정도로 엉망이 된 상황이었다.

색채 토대의 구축

이러한 상황 속에서 시작된 남양주시 도시디자인과의 첫번째 사업은 지역의 색채를 만들고 정비하는 것이었다. 지역의 색채는 건축물과 시설물, 사인과 같은 가로의 표피에서부터 축제와 문화 행사와 같은 다양한 요소에 의해 형성된다. 따라서, 지역을 구성하는 경관의 주요 요소를 무엇으로 보는가에 따라 색채의 방향성은 달라질 수밖에 없다. 색채는 모든 공간 속에서 반드시 포함되며 지역의 경관에 가장 큰 영향을 미치고 있기 때문에 도시의 디자인을 개선하기 위해서라도 우선 도시 색채의 정체성을 구축해 나갈 필요가 있었다.

지역의 색채 정비는 지역의 혼란스런 경관을 다소나마 완화시키고, 표피의 개성을 만드는 가장 빠르고 손쉬운 수단이다. 건축물이나 단지, 가로의 시설물을 정비하는 데는 많은 시간과 경비, 협의 과정이 필요하지만, 색채는 비교적 실제 계획에

여기는 어디인가? 왜 이렇게 되어야 하는 것인가?

빠르게 적용할 수 있으며, 협의회나 심의, 자문 과정에서도 기준만 명확하면 쉽게 문제점을 바로잡을 수 있다는 점에서 그 효용성이 매우 높다.

그러나 그렇게 쉽게 지역의 색이 만들어진다면 지금과 같이 전국적으로 획일화된 색채 경관과 혼란스러운 가로 경관이 형성되지는 않았을 것이다. 이것이 색채가 지닌 맹점이다. 정비의 효과도 빠르지만, 혼란스러운 색채 환경도 손쉽게 만들어져버리는 것이다. 특히 공공 영역에 대한 일반적인 관점이 희박한 현실의 상황을 고려한다면, 시설물과 아파트 외관, 광고물과 상징물 등에 특정 지역의 색을 칠한다고 해서 지역의 상징성이 형성되고, 거리가 쾌적해지리라고 생각한다면 그것보다 순진한 기대는 없을 것이다. 아직까지도 대다수 경관 정비나 색채 정비에서는 지역의 색채라고 하면 지역의 꽃과 나무의 색과 같은 특정한 대표색으로 건축과 시설, 광고물이나 상징물 등의 색채를 정비해 나가는 것을 쉽게 떠올린다. 이것은 공공의 이해보다는 자신의 서술적 표현 능력에 대해 자만심을 가진 전문가들이 쉽게 범하는 오류이기도 하다.

우리에게는 지역의 색채를 만드는 데 있어 기존의 오류를 반복하지 않고, 우리의 도시에 적합한 색채 공간을 만들기 위해 어떤 방향으로 무엇을 할 것인가가 고민의 중심이었다. 결국, 중요한 것은 색채의 연상이 주는 이미지가 아니라, 공간에서의 색채 문화와 특징을 '어떻게 만들어나갈 것인가'였다. 따라서, 우리에게는 도시의 색채에 대한 철학과 그것을 공간의 특성에 맞게 만들어나갈 기준이 필요했다.

지역의 풍토와 역사를 반영하는 색채를

지역의 색채를 만들기 위한 첫번째 작업은 남양주 도시의 근간을 이루는 토양이나 수목과 같은 풍토색을 찾아내는 작업이었다. 현재의 혼란스런 색채 환경도 우리의 모습으로 인정하고, 도시의 맥락을 장기적으로 찾아나가기 위한 기본을 땅 깊은 곳에서 찾기로 한 것이다.

풍토는 단순히 자연이나 토양과 같은 지질의 개념만을 의미하는 것은 아니다. 기후와 땅의 기운, 도시의 틀을 만드는 지형과 토질, 물, 하늘과 같은 인간을 둘러싼 종합적인 생태 환경을 의미하는 개념이다. 누구나 자연 환경의 중요성은 쉽게 떠올리지만 우리가 살고 있는 모든 공간이 풍토와의 관계 속에 만들

남양주시의 자연은 그 자체로 가장 아름다운 색채다.

어진다는 사실을 쉽게 이해하기는 힘들다.

지금은 길도, 공간의 구조도, 건축도, 심지어 색채까지도, 표현 기술과 소재 유통의 발달로 인해 장소와의 관계성은 거의 구호에 그치고 경제성과 효율성이 강조되는 시대다. 하지만, 인간에게는 기본적으로 자신이 태어나고 자라온 환경이 시각적으로도 의식적으로도 가장 살기 좋은 생활 환경이 된다. 무의식이 인간 의식의 대다수를 장악하고 있는 것을 이해한다면, 우리가 자주 보는 태양의 적절함과 아침 햇살의 포근함, 은은하게 뻗어나가는 산자락과 잔잔히 흐르는 물의 춤사위가 먼 나라의 다른 곳과는 분명히 다르며 그것이 일상을 채우고 있다는 것을 알게 된다. 같은 건축물이라도 여기서는 어울리는데, 다른 풍토의 장소로 가져가면 안 어울리는 경우가 많은 것도 그러한 연유다. 도시는 이러한 풍토라는 대지 위에 사람과 공간이 어우러져 만들어내는 교향곡과도 같은 것이다. 그리고 색채는 그것을 나타내는 가장 대표적인 악기다.

우리는 우선 남양주시 전역의 자연 환경과 주요 가로에서의 건축물, 시설물, 광고물 등의 인공 환경에 대한 색채를 관찰하고 측색을 통해 구체적인 문제점을 진단했다. 다른 색채 계획에서 흔히 하는 상징적인 색채를 우선 만들고 공간을 끼워 넣는 방식이 아닌, 공간의 색채 관계를 우선 파악하고 그에 자연스럽게 조화되는 색채의 특성을 발견하는 방식이다.

이러한 조사에는 3개월 이상이 소요되었고, 그 이후에도 지속적으로 계절의 변화나 공간마다 색채 특성들을 추가시켜 나갔다. 이러한 과정을 통해 남양주시가 지닌 색채의 특성이 다소나마 구체적으로 정리되기 시작했다. 우리는 도시의 단편을 통해 일상생활의 도시 이미지를 이해하는 것이 일반적이기 때문에, 다소 과도한 기분이 들더라도 지역 전체에 대한 충실한 조사와 분석은 누구나가 공감할 수 있는 색채 이미지를 파악

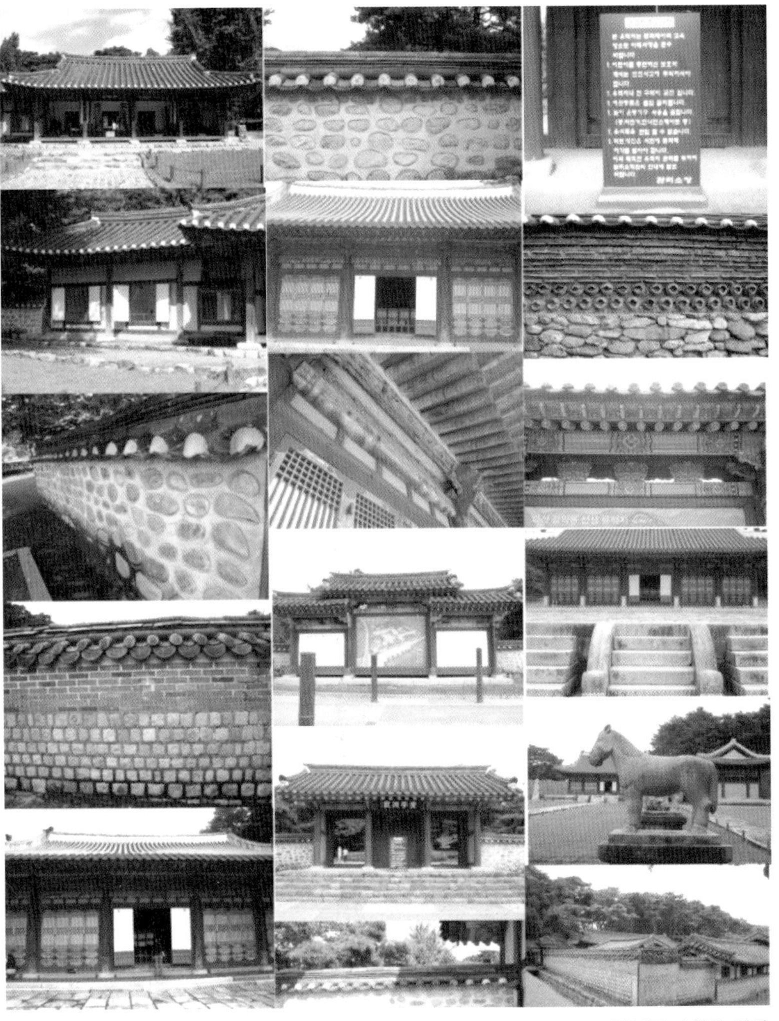

역사적 자원의 색채.

할 수 있도록 한다. 이러한 장기적인 조사의 결과를 통해 주요 조망에서 발생되는 도시 색채의 문제점과 지역의 색채 자원이 정리되었으며, 이를 바탕으로 남양주시의 도시 색채가 지향해야 할 방향을 설정할 수 있게 되었다. 그리고 그 중심은 자연과의 연속성을 강화할 수 있는 색채 환경의 조성과 각 마을마다의 정체성을 색채를 통해 강화해 나가는 것으로 정하게 되었다.

풍토의 색채는 주로 지역에 분포된 다양한 토양의 특성과 역사적 건축물에 사용된 소재 특성의 분석을 통해 이루어졌다. 전통적인 건축물에는 지금과 같이 전국적으로 동일한 색채를 사용하던 시대와는 달리, 지역의 토양과 석재, 목재 등과 같은 지역에서 생산되는 한정된 소재를 주로 사용하여, 그 소재만으로도 지역의 풍토성이 반영되어 있는 경우가 많다. 또한, 사람들이 생각하는 지역의 색채에 대한 의식도 조사하였는데, 이는 사람들이 좋아하는 색을 지역의 색채에 반영하기 위한 목적이라기보다는, 색채에 대한 관심을 높이고 지역에 감추어진 의미 있는 색채를 파악하기 위해서다.

충돌과 협의

이러한 조사 과정을 통해 지역의 건축물과 시설물, 옥외 광고물에 적용하기 위한 기본적인 색채의 기준을 설정하고, 주민들에게 공표하였다. 그러나 옥외 광고물의 색채의 경우, 시작 단계에서부터 지역의 옥외 광고물 관계자들과 많은 충돌이 오고 갔다. 경관 색채 기본 계획 또는 가이드라인에서 제시된 기본적인 형식이 그들에게는 작업 진행의 규제요소로 작용하게 될 것이라는 우려가 컸던 것이었다. 물론, 아무런 규제 없이 옥외 광고물과 건축물 외벽에 색을 칠하던 이전과는 달리 어느 정도의 규제가 필요하겠지만, 그것은 규제가 아니라 규칙과 의무를 지키는 것이다.

매력적인 도시를 만들기 위해서도 그러하나, 쾌적한 생활을 위한 도시 환경을 위해서도 시각적인 질서는 필요하다. 이는 사람들이 일정한 기준으로 도시 곳곳의 디자인에서 질서를 지켜나갈 때 만들어지는 것이다. 자율이란, 지역 디자인의 적용 방식을 스스로 인식하고 구현해나갈 기본적인 흐름이 자연스럽게 조절되는 상태를 의미하며, 방임과는 다른 개념이다. 이전과 같이 시각적으로 무질서한 도시 경관에서는 그러한 무질서가 오히려 매력이었을 수도 있고, 소규모의 가로에서는 활기를 줄 수도 있다. 하지만, 지금과 같이 다양한 소재와 색채를 단시간에 대규모로 인쇄하여 설치할 수 있게 된 상황에서, 도시 안에서 발생하는 사적 영역의 욕구 방임으로 인한 무질서의 결과는 예측할 수 없다.

물론, 규제만으로 도시의 질서가 만들어지지는 않는다. 도시에서는 외부의 모든 곳이 공적인 영역에 속하지만, 관리 측면에서는 공적인 영역은 사적인 영역의 규모와 비교되지 않는다. 또한, 그 성격상 행정에서 할 수 있는 규제의 범위는 한계에 부딪힐 수밖에 없다. 따라서 장기적인 관점으로 지역에 살고 있는 많은 사람들과 함께 디자인의 관점과 실천 방법을 공유하는 것은, 개인이 소유하거나 관리하고 있는 장소에까지 디자인 철학을 확대시키고 지역의 질서를 지킬 수 있는 효과적인 방법이다. 도시의 색채에서도 공유된 색채 의식을 확대시켜 지역 문화로 만들어나가는 방법이 요구되며, 정착까지는 일정한 약속이 끊임없이 요구된다.

그러나 현실은 언제나 만만치 않다. 시간이 걸리더라도 장·단기적인 전략과 기준을 세우고 주민과 행정, 전문가가 끊임없이 협의해나가야 하지만, 부분적인 적용을 통해 유형의 성과를 이어나가지 않으면 참여 의욕이 저하될 우려도 크다. 결국, 협의 내용을 실천 속에서 차츰 유형의 형태로 만들어나가고, 강약의 리듬감 있게 진행해갈 지혜가 필요한 것이다. 바로 옆 사람을 설득하기도 쉽지 않은데 수많은 사람들을 모두 설득하고 추진해 나가는 데에는 당연히 무리가 따른다. 따라서 공유의 확대를 위한 과정의 충실함과 정보의 공유와 공개, 방법의 협의는 서로가 서로를 이해할 수 있는 시간을 확대할 수 있도록 한다.

옥외광고물협회에서 자체적으로 개최한 남양주시 아름다운 간판 공모전 심사.
그들이 현장에서 색채 관리를 담당하는 책임자다.

옥외 광고물의 색채 기준 작성에는 사전에 많은 검토와 토론을 했음에도 옥외 광고물 제작사들의 반발은 생각 외로 높았고 이는 당연히 예견된 것이었다. 왜 가로의 색채를 규제해야 하는가부터, 다른 지역에서 규제로 광고물이 획일화되었던 문제점 등이 다양하게 지적되었다. 그러한 수차례의 수정과 검토를 거쳐 드디어 20페이지 정도의 기준이 정해졌다. 가이드라인의 페이지 수를 적게 한 것은 누구나 쉽게 이해할 수 있도록 내용을 축약했기 때문이다.

아직도 많은 지자체는 도시의 모든 부분에 세밀하게 적용할 수 있는 방대한 분량의 가이드라인을 선호한다. 하지만, 가이드라인의 효용성에 대한 연구 조사 결과에서는 그러한 가이드라인을 행정도, 전문가도 선호하지 않으며, 실제로도 적용하기 힘들다는 문제가 밝혀졌다. 오히려 누구나 쉽게 이해하고 적용할 수 있도록 만들고, 나머지는 유도와 협의의 과정에서 풀어나가거나 사용 대상에 따라 내용을 달리 만드는 것이 효과적이다. 우리가 20페이지 정도로 가이드라인을 정리한 것도, 그 정도로도 충분히 그 역할을 할 수 있을 것으로 판단하였기 때문이다. 중요한 것은, 함께 색채를 만들어나갈 기준이 필요한 것이지, 사용 담당자들의 교양을 위해 가이드라인이 존재하는 것이 아니다.

이러한 일련의 과정에서 생기는 충돌은 필연적인 것이며, 이를 통해 우리는 도시의 색채를 생각하는 방식에 많은 간격을 좁힐 수 있었다. 실제로 남양주시 옥외광고물협회의 관계자들은 그 이후로 지역의 색채를 디자인에 가장 적극적으로 반영하고 있으며, 워킹그룹의 활동 지원이나 아름다운 남양주시의 간판 만들기 등의 자체 사업으로 지역의 개성적인 옥외 광고물 디자인에 적극적으로 동참하고 있다. 그것이 참여의 힘이다. 또한 행정에서는 그러한 옥외 광고물 분야의 전문가들이 보다 쉽게 지역의 색채 기준을 적용할 수 있도록 그래픽 프로그램용 색채 팔레트를 CD-ROM으로 제작하고, 표준 색표집을 배포하는 등 적용의 편의성을 보완하였다. 또한 지속적인 피드백을 통해 가이드라인의 정착에 힘을 쏟았다.

공간의 개성으로서의 색채

그러나 색채 가이드라인의 적용이 처음부터 쉬운 것은 아니었다. 모든 장소에는 그 장소마다 어울리는 색채의 특성이 있다. 기본적인 가이드라인이 지역 전체의 옥외 광고물과 시설물을 관리하는 기준은 될 수 있을지라도 그것이 지역 전체의 색채 개성을 만들 수는 없다. 만일, 기본적인 색채 가이드라인을 가지고 지역 전체가 개성 있게 될 것으로 생각한다면, 그것은 구구단을 외우고 난해한 수학 과제를 해결하려는 것과 마찬가지다. 그러한 상징 색채나 기본 색채를 가지로 도시 전체를 바꾸려는 방식은 필연적으로 경관의 획일화라는 결과를 가져오게 마련이다. 각 공간에는 저마다의 적합한 색채 적용 방법이 있으며, 공간의 '다움'도 그 속에서 형성된다.

따라서 우리는 남양주의 경관 특성과 향후 지향해야 할 경

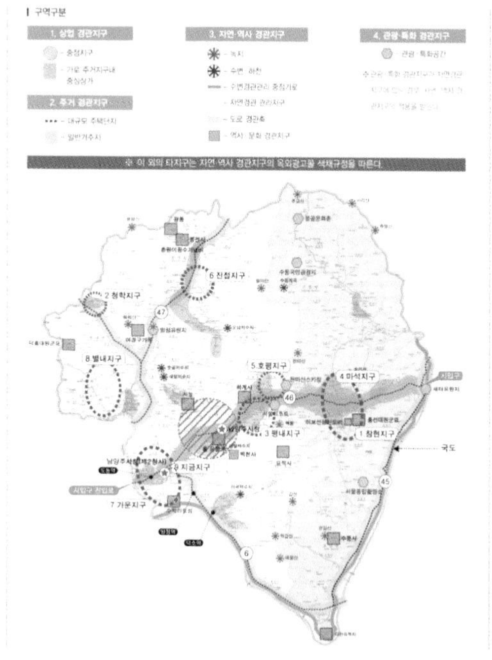

톤(Tone)	색상					무채색(N계)
고명도(8이상) 저채도(1.5이하)	5R 9/1.5	5Y 8.5/1	10Y 9/1	2.5PB 9/1.5		N9.5
	5YR 9/1	10YR 9/1	2.5GY 9/1.5	5P 9/1		
고명도(8이상) 중채도(2이상 4이하)	2.5YR 8/2	5Y 8/2	7.5GY 9/4	7.5B 8/2		N9
	2.5Y 9/2	7.5Y 8/2	10GY 8.5/2			N8
중명도(5이상 7이하) 중채도(2이상 4이하)	2.5YR 5/4	2.5Y 7/4	7.5Y 6/4	2.5G 6/4	5B 7/4	N7
	7.5YR 7/2	5Y 7/2	2.5GY 6/4	7.5G 6/4	5B 5/4	N6
	10YR 6/4	7.5Y 7/2	7.5GY 6/2	7.5G 5/4	2.5PB 7/4	N5
	10YR 5/2	2.5Y 5/4	10GY 5/4	2.5BG 7/4	2.5PB 5/4	
중명도(5이상 7이하) 저채도(1.5이하)	5R 7/1.5	5Y 6/1	5G 7/1			
저명도(4이하) 중채도(2이상 4이하)	2.5R 3/2	7.5YR 3/4	7.5Y 3/4	2.5G 3/4		N4
	5YR 3/2	2.5Y 4/2	10Y 2/2	2.5PB 4/2		N3
	7.5YR 3/2	5Y 4/4	2.5GY 3/4			
저명도(4이하) 저채도(1.5이하)색	10Y 2.5/1	10PB 4/1				N2
저명도(4이하) 고채도(5이상)	10R 3/6	5PB 3/6				N1
고명도(8이상) 고채도(5이상)	2.5YR 8/6	10YR 8/8	2.5Y 8/6			
중명도(5이상 7이하) 고채도(5이상)	10R 5/10	10YR 7/6	10YR 5/6	5PB 5/6		

남양주시 환경 색채를 적용한 대상의 분류와 색채 기준.

관 정비의 방향, 경관 기본 계획과의 관계를 고려하여, 시 전체를 거주, 상업·업무, 자연·역사, 관광 특화 구역의 4가지로 분류하였다. 물론, 기본은 역사와 자연 경관이 지닌 색채적 맥락이 되지만, 도심 경관의 수준과 지역마다의 개성을 고려할 때는 모든 곳을 동일한 기준으로 적용하기 어려운 상황이 항상 생긴다. 따라서 경관이 다소 혼란스러우나 다양한 활기가 필요한 공간에서는 규제보다는 유도를 적용하고, 자연과 역사 경관과 같은 지역 정체성과 원형을 지속적으로 보존할 필요가 있는 곳에는 강한 규제를 적용하였다. 이를 통해 지금보다 열악한 경관이 되지 않도록 막고 차츰 원래 풍경으로 복원시키

현수막 게시대는 서체와 배경의 채도를 정비하는 것만으로도 질서를 만들 수 있다.

며 장소의 개성을 형성하고자 하였다.

현재의 구역 특성과 훼손의 정도에 따른 유연한 규제와 단계적인 지역 색채의 형성은 다양한 사람들의 참여를 가능하게 하고, 공간의 특성에 맞는 색채의 다양성을 모색할 수 있도록 하는 장점도 있다.

그러나 색채 가이드라인이 정해진다고 해서, 당장 도시경관이 아름답게 바뀌거나 거리의 표정이 세련되게 변하거나 하지는 않는다. 실제로 색채 가이드라인을 만들고 3년이 지난 지금까지도 색채 가이드라인이 있는지조차 모르는 사람이 행정 내부에도 많다. 각종 위원회에서는 개인의 색채 취향으로 색

아파트 외관 색채는 기존안에 대한 주민들의 불만을 조율하여 차분한 본래 안으로 조정하였다.

상을 선택하고 특이한 상징성을 강조하는 경향이 아직도 많이 남아 있다. 옥외 광고물의 색채도 시간이 지남에 따라 기준을 벗어나는 사례가 점점 늘어가고 있다. 색채 가이드라인을 시작으로, 도시에서 색채의 선택이 얼마나 중요하고, 하나의 색채를 선택할 때도 주변과의 관계를 고려해야 한다는 의식을 보다 확산해나가야 하는 것이다.

그럼에도 3년 전에 비하면 도시 곳곳에서 개성적인 색채 형성과 개선에서 많은 성과를 거두어왔다고 생각된다. 특히, 광고물과 도심의 건축물 외관, 시설물과 상징물의 색채 개선, 공

골프장의 녹색 그물과 건물색을 주변색으로 개선하여 경관의 훼손을 줄였다.

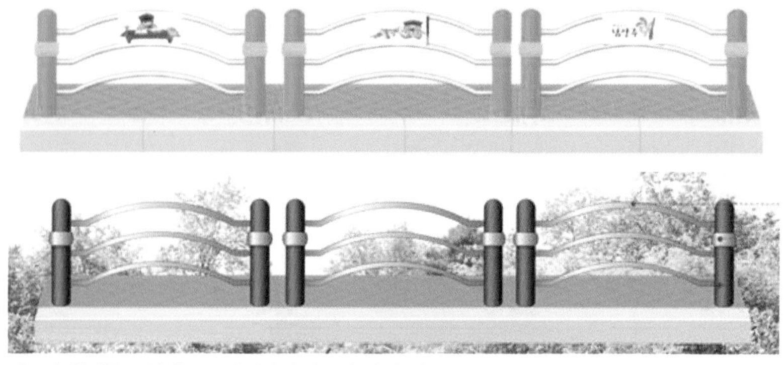

펜스의 색채를 토양색으로 개선하여 가로의 안정감을 가져왔다.

장과 축사 가건물의 색채 정비 등에서 색채 가이드라인의 적용과 협의를 통한 성과가 조금씩 나타나고 있다. 그리고 더 중요한 성과는 많은 사람들이 도시에서 공공의 색채를 키워내는 것의 중요함을 인식해가고 있다는 점이다. 여기에는 사용하기 쉬운 가이드라인의 제작과 누구나 참여할 수 있도록 다양한 길을 열어 온 과정이 있었기에 가능했던 것이며, 그것이 지역 기준의 확산으로 이어졌다고 생각된다.

먼셀이 무엇인지, 색 기호를 어떻게 표기하는지, 색 체계가 무엇인지 등은 전문가들이 주로 사용하는 것이며, 일반적으로

가로 지주 간판의 채도를 조절하는 것만으로도 경관의 연속성을 높일 수 있다.

그러한 경험과 지식이 없는 이들은 거리감을 가질 수밖에 없다. 지속적인 교육과 참여를 확대하고 생활에서의 구체적 사용 방법의 제시는 색채 개선을 보다 실천적으로 이끈다. 더 수준 높은 가이드라인의 설정은 이것이 해결된 다음의 문제다.

피아노 폭포 상징물의 디자인 개선. 상징성만 강조한 기존안은 자연 풍경이 지닌 안정감을 저해한다. 이러한 안은 실내로 들어가야 하며 자연의 공간에서는 소통과 녹음과의 조화를 중시한 색채를 적용한다.(왼쪽이 기존안, 오른쪽이 개선안)

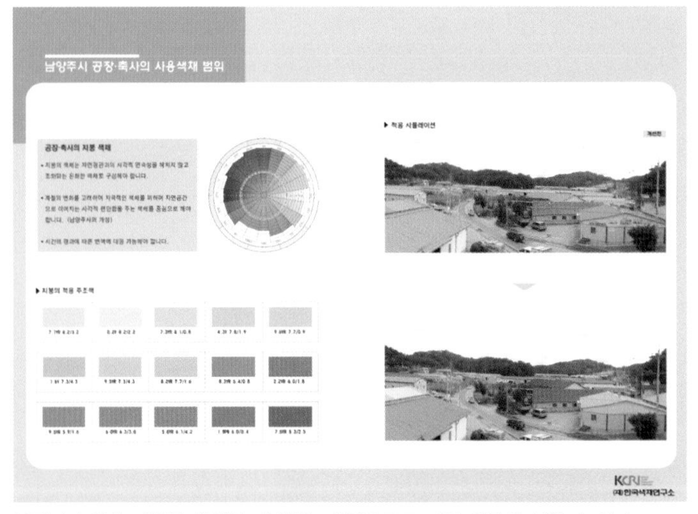

공장이나 축사 지붕은 색채를 개선하는 것만으로도 자연 경관을 살릴 수 있다.

색을 지역의 문화로 만든다

협의를 통한 디자인 사업마다 의 색채 관리도 중요하지만, 모든 부서에서 색채의 관리 기준을 이해하여 사업 적용과 관리를 통일성 있게 진행하는 것도 중요하다. 지난 3년간 도시 색채에도 많은 변화가 있었지만, 각종 심의와 자문에서 동일한 기준으로 색채를 지속적으로 적용·관리하고, 매번 부딪치는 디자인 검토 과정에서 지역의 색채 기준을 적용한다면, 10년 후에는 놀라울 정도로 변한 지역의 풍경을 접할 수 있을 것이다. 나아가 주민들이 자신의 개인 취향보다 자신이 살고 있는 도시 풍경에 어울리는 색채를 이해하고, 일상 생활 공간에 적용해나가면 그 변화는 더욱 빨라질 것이다.

우리가 진행하고 있는 색채 계획의 최종 목표는 남양주시에

교량의 색채 개선 시뮬레이션. 실제로 많은 교량의 색채를 차분하게 만들어 경관의 안정감을 높이고 있다. 이러한 수많은 고가도로가 상징물이 될 이유는 전혀 없다. (위: 기존, 아래: 개선 후)

사는 모든 사람들이 공감할 수 있는 지역의 색채를 생활 속에 구현해 나가는 것이다. 이는 색채가 단순히 눈에 보이는 표면이 아닌 생활 속에서 삶의 내면을 표출하는 방법이라는 관점이다. 도시의 색채는 각 공간의 개성을 장기적으로 만들어나가는 수단이기도 하다. 그러기에 아파트 등의 건축물을 비롯하여 작은 시설물까지, 우리가 색채를 계획하고 검토하는 모든 대상은 주변과의 관계성과 지역성, 생활에서 적용할 수 있는 적합한 기준이 끊임 없이 요구되고 있다.

그러한 측면에서 남양주시 표준 색표집은 120가지라는 적은 색채에도 불구하고, 건축물의 외벽과 옥외 광고물의 주조색, 시설물의 주조색까지 사람들의 다양한 목적에 맞추어 편리하게 만들어져 있어 지역 색채의 기준으로서 효과적인 역할을 한다. 색 기호와 색 체계를 모르는 사람이라도 시각적으로 이해하기 쉬워, 기존에 개인의 선호에 따라 대충 선정하던 많은 색채를 남양주시에 어울리는 색채 중에서 선택할 수 있게 되었다. 색표집의 개당 단가가 비싸 모든 시민에게 배포할 수 없어 현재는 워킹그룹 멤버들과 시의 경관 개선과 관련된 활동을 하는 부서와 단체, 남양주 시청 홈페이지에 지역의 아름다운 경관에 관한 사진을 올려주는 개인에게 무료로 배부하고 있다. 지금은 얇고 작은 색표집에 불과하지만, 많은 사람들의 눈과 손을 통해 오랫동안 전해지게 된다면 공적인 영역을 넘어 사적인 영역에까지 지역의 색채를 전파시키고 조화로운 지역 경관을 만드는 열쇠가 될 수 있을 것이다.

도시의 디자인은 어렵다거나, 특정한 사람들만 향유하는 특정한 권위가 아니다. 누구에게도 공유의 길이 열려 있는 잠재된 확장성 그 자체다. 또한 자연과 역사를 존중하고 그 속에 살아가는 사람들의 참여로 쾌적한 삶의 공간을 만들어 나가는 것은 우리가 도시의 색채를 만드는 방법이다. 그 속에서 우리가 지향하는 색채는 도시 남양주시에 사는 모든 사람들이 공유할 수 있는 삶의 문화로서의 색채다.

남양주시 표준 색표집. 지역의 색채를 바꿔 나가는 기준이다. 이 색표집은 남양주시의 전문가들과 시의 아름다운 경관 사진을 올려 주는 사람들에게 무료로 배포하고 있다.

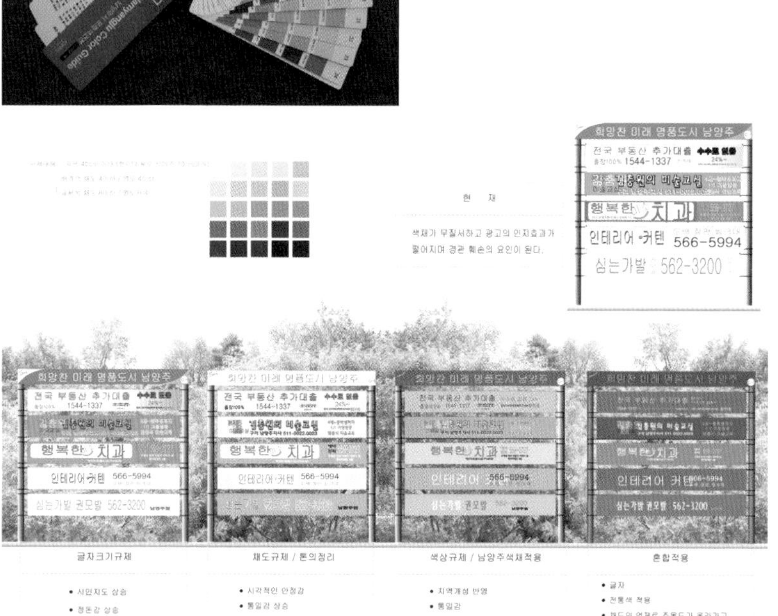

현수막 게시대에 색채를 적용하는 과정. 이해의 폭을 넓힌다.

공간 디자인

다산로와 능내리

이미지가 지닌 공감의 기준

공간의 디자인에서는 그 디자인이 지닌 공간에서의 가치가 생명이라고 할 수 있다. 모든 공간의 디자인은 하나의 개체와 공간과의 유기적 연관성을 만들어나가는 과정이며, 이를 통해 공간의 가치를 새롭게 변모시키는 행위를 의미한다. 그것의 크고 작은 스케일의 차이나 깊이의 차이는 있을지라도, 이러한 정의에서 자유로울 수 있는 공간과 디자인은 없다.

많은 경우, 디자인이 눈에 보이는 물질적 형태의 전환이라고

화도 광장을 위한 워크숍. 협의는 항상 힘들 수밖에 없다.
공동의 가치를 찾아내야 하는 것이다.

생각하기 쉽지만, 물질적 형태의 변환은 그것을 인식하는 사람들의 의식 변화에 또 다시 영향을 미치게 된다. '보이는 것' 그 자체는 '느끼는 것'과 다르지 않다. 디자인이 공공의 개념에서 자유로울 수 없는 것도 그러한 연유다. 따라서 많은 사람들이 공유하는 공공 공간의 디자인에서 공감을 이끌어내고 삶의 가치로 이어나가고자 하는 것은 당연한 것이라고 할 수 있다.

우리는 무엇을 보고 특정한 이미지를 떠올린다. 이미지는 느낌의 집적이며, 유형을 통해 무형의 의식이 유형의 형상을 만드는 것이다. 이 이미지가 유형의 힘을 구축하게 되면, 그것은 보이지 않는 또 하나의 특정한 구성 요소가 된다. 사람들이 화폐를 중요한 가치 척도로 여기는 것과 마찬가지다. 화폐 그 자체는 하나의 종이에 불과하지만, 사람들이 화폐에 부여하는 보이지 않는 '신용'이라는 가치를 부여했기 때문에 화폐마다 가치가 달라지는 것이다. 마찬가지로 사람들은 그 이미지의 가치 정도에 따라 디자인의 유효성과 정당성을 판단하게 된다.

물론, 사람들의 판단 자체가 항상 일정한 것은 아니기 때

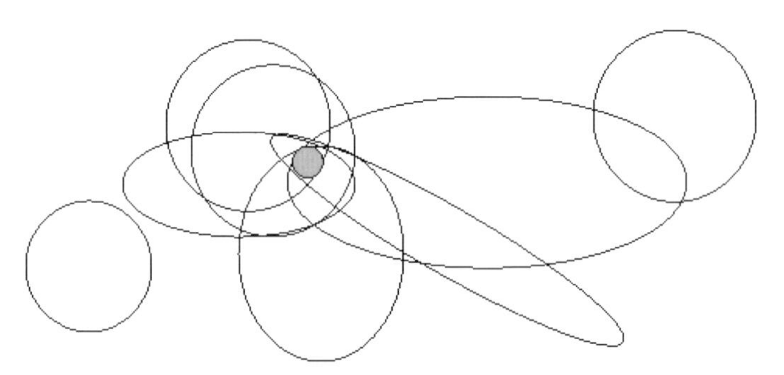

가치 공유의 개념도. 개인의 영역에는 항상 공유할 수 있는 부분이 생긴다. 공통한 가치의 폭을 확대시키는 것이 중요하다(음영 부분이 모든 사람이 공유할 수 있는 영역이 된다).

문에, 공간에서 느껴지는 이미지의 가치도 가변성을 갖게 된다. 시간의 흐름도 보이지 않는 이미지의 가치를 규정하는 중요한 척도다.

여기서 사람들의 '가치' 기준의 설정에 미치는 핵심적인 요인은 무엇일까? 먼저 '이익'이라고 할 수 있다. 이 디자인이 얼마나 자신에게 여기서 자신은 자신이 속한 공간과 시간적인 범주를 다 포함해서 도움이 되는가라는 점인데, 이익의 범위를 많은 사람들이 공유하고 포함시킬수록 공감의 범위도 확대된다. 이익이 꼭 물질적으로 환산되는 이익만을 지칭하는 것은 아니다. 어떤 대상이 시각적·의식적으로 자신의 가치 상승과 연관된다고 판단하였을 때도 이익으로 인정하며, 가치 상승의 기준이 무엇이냐에 따라서도 이익이 되느냐 마느냐를 구분하게 된다. 일반적으로는 경제적으로 환산할 수 있는 지역과 장소의 가치 상승이 그 척도의 높은 부분을 차지하게 되며, 사람들이 '공간의 이미지 상승'이 '자신의 삶을 풍요롭게 한다'라는 것과 관계가 밀접하다고 인지하였을 때, 그 공공성의 가치 범위는 더욱 커진다.

다음으로 '긍지'라고 하는 정신적인 만족감을 들 수 있다. 이것은 정신적인 이익의 일부로, 대중들이 이미지를 하나의 특정한 상징으로 인지하게 되는, 최근에 더욱 관심이 높아지고 있는 요인이다. 다른 곳에서는 별 의미 없는 이미지가 이 공간과 장소에서는 특정 이미지로 이어져 가치 상승으로 연계되는 것이다. 그 배경에는 다른 곳과 차별된 것을 선호하는 사람들의 지향이 미치는 영향도 있을 것이다. 일반적으로 사람들은 남들과 다른 가치가 더 개성적인 가치라고 생각하기 때문이다.

차별화된 긍지가 바로 새로운 '가치'로 이어지는 것이다. 그 범위는 사람이 될 수도, 공간이 될 수도 있지만 공통적으로는 특정한 이미지에 대한 사람들의 선호, 즉 대중적 아이콘에 대한 집착의 일부분이 사회화된 것이라고 할 수 있다. 그러한 사회화된 '상징'은 사람들의 긍지를 반영하는 대표적 요인이기 때문에, '상징'의 범위가 전체로 확대되면 지역과 장소의 가치가 상승하게 되는 것은 당연한 결과일 것이다.

최종적으로 이러한 것을 통합하는 핵심 요인이 '관계성'이라고 할 수 있으며, 디자인이 자신과 얼마나 밀접한가를 나타내는 심리적 요인이다. 가까운 것에 대한 사람들의 이해도는 멀리 있는 것보다 높아지기 때문이다. 결국, 공간의 디자인에 있어서는 많은 사람들의 이해와 가치를 파악하는 것이 중요하며, 살아가는 사람의 입장에서 공간을 바라보고 설계하는 자세가 더 감동적인 디자인의 기본 조건이 되는 것이다.

장소의 특성에 순응하는 디자인

다산로 계획이 있기 1년 전, 지역 주민들로부터 45번 국도에서 다산 생가로 진입하는 우회도로변에 설치된 철도 옹벽이 흉물스러우니 벽화를 그려 달라는 민원이 자주 들어왔다. 직접 현지를 방문해 보니 그 낡은 옹벽에는 오랜 시간에 걸쳐 많은 젊은 연인들이 한 사랑의 낙서들이 곳곳에 즐비해 있었다. 이것을 어떻게 봐야 하는 것일까?

이렇게 오랜 시간 동안 자연스럽게 조성된 사람들의 흔적을 지저분한 흉물로 볼 것인가, 아니면 그 장소만의 특색 있는 개성으로 봐야 하는 것인가에 대한 오랜 토론이 워킹그룹과 주민들 사이에서 이어졌다. 결국 행정 담당자와 경관 동아리 회원을 비롯한 많은 사람들의 적극적인 노력으로 인해, 주변 북한강 유역의 자연 공간이 화려한 벽화로 인해 일그러지는 것보다는 현재의 풍경이 훨씬 좋다는 최종 결론이 내려지고 '보존'하는 방향으로 논란은 정리되었다.

그 후, 이 공간을 사랑의 거리로 보고 이 공간만이 가질 수 있는 하나의 개성으로 보자는 의견이 모아졌으며, 나는 오히려 이 가로에 젊은 사람들이 마음껏 낙서를 할 수 있도록 보행자 도로를 만들자는 제안도 하였다. 이 무수한 사랑의 낙서가 있는 공간은 최근 다산로가 조성되면서 많은 사람들이 찾아오는 명소로 조금씩 변모하고 있다. 이제는 벽면에 낙서를 할 수 있는 여백이 없어지니 바닥에 래커를 뿌리는 사람들도 생겨나고 있다. 이러한 특색 있는 공간이 벽화로 메워졌을 풍경을 상상하면 지금도 아찔하다.

공간에 형성되는 사람들의 기억은 지우기는 쉽지만 다시 만들기는 너무나도 어렵다. 개발은 도시의 많은 기억을 너무도 쉽게 없애는 무서운 능력을 가지고 있다. 경치가 좋은 곳이 방송매체를 타면 그곳으로 몰려가 오염시키고, 토지의 경제적 가치만 올려놓고 살던 사람들을 내쫓는 풍경도 어렵지 않게 볼 수 있는 시대다. 우리 인간이 풍요로운 농작물을 갉아먹고 사라져버리는 메뚜기 떼의 모습이 아닌, 자연과 공간의 가치와 결실을 소중히 여기는 의식이 자리잡기 전까지 이러한 현상은 계속될지 모른다. 우리는 그러한 가치 있는 공간을 최대한 지켜내야 할 의무가 있다. 다산로의 디자인이 가진 가치도 이 옹벽이 있었기에 가능했을 것이다.

다산로 사업이라는 본격적인 테마로 가로의 디자인을 시작하게 된 것은 지자체 단체장의 제안에 의해서였다. 수변의 자연 경관을 헤치는 노란색 콘크리트 방호벽을 디자인으로 개선할 특별한 방법은 없을까라는 제안을 하였고, 기존 옹벽과의 관계를 전면 재검토하는 방향으로 조경 회사의 새로운 디자인이 만들어졌다. 조경 회사의 디자인안에는 현재의 경관을 거의 새롭게 탈바꿈시키는 다양한 제안이 포함되어 있었으며, 성벽길의 전면 축조, 옹벽 부분에 벽화 및 광고 문구 설치, 꽃길

다산로의 그림 옹벽. 첫번째 벽화안을 수정하여 자연에 순응하는 디자인으로 변경하였다.

조성 등, 근린 공원이나 테마파크에 가면 흔히 볼 수 있는 계획이 주된 내용이었다. 이 안대로 진행하면, 현재의 옹벽에 그려진 수많은 이야기와 옹벽의 물리적 구조, 수변의 경관을 헤칠 우려가 생겨, 디자인 관계자들의 다양한 토론을 통해 지금의 수변 풍경을 최대한 존치하고 자연과 역사를 중심으로 한 안으로 수정하게 되었다.

항상 강조하듯, 자연 경관이 아름다운 곳에서는 자연이 주인공이 되어야 한다. 관리 부서에서는 팔당댐에도 다양하게 변하는 야간 LED 조명을 댐 위에 계획하고 있는데, 사람들이 자연 공간에서 보아야 하는 것은 도심의 화려한 조명보다는 저녁 달빛이 강 위에 비친 아름다운 풍경이 아닐까? 그럼에도 많은 사람들의 머릿속을 지배하고 있는 특이하고 차별화된 랜드

다산로의 낙서 옹벽. 다양한 사람들의 낙서가 모여서 이루어진 장관.
다른 곳에선 볼 수 없는 독특한 풍경임에도 이곳에 벽화를 그리려는 움직임이 있어
장시간에 걸친 다양한 논의를 통해 공간 본연의 모습을 지켜내었다.

마크에 대한 환상은 항상 기존의 가치를 부정하는 다양한 형태와 디자인의 선호로 이어지는 경우가 많다.

새로운 시설이나 건축, 조명 등, 시설과 디자인이 들어오는 곳은 새로운 가치가 개입되게 된다. 사람들은 공간이 가지고 있는 인지에 새로운 것을 더해 풍경의 이미지를 강화시켜낼 수도, 헤칠 수도 있다. 마찬가지로 공간에 가치를 부여하는 것은 사람이지만, 일단 만들어진 공간은 사람의 행위를 규정한다. 서울 인사동의 예와 같이 관광객을 위주로 한 구도심의 이미지는 점차 역사적인 매력을 상업 자본의 논리에 지배당할 수

다산로 성곽을 수정한 전후. 수원성을 모티브로 하여 조망 공간을 만들어내었다. 본래의 과도한 안에서 최대한 기존 공간의 높이와 특성을 유지하는 방향으로 수정하였다.

밖에 없다. 수변의 아름다운 산책길이 가질 수 있는 가치는, 그 공간에서 조용히 물을 바라보고 도시에서는 즐길 수 없는 차분한 감동을 받을 수 있다는 점일 것이다.

이러한 이유로 다산로의 디자인은 자연과의 연속성, 다산의 역사적 상징성이 은은한 자연 속에서 발견되도록 하는 방식으로 접근하게 하였다. 수변길을 돌아갈 때마다 보이는 다채로운 풍경은 돌담길을 따라 다양한 시각적 변화를 고려하여 설계한 결과다. 물론, 현재 안으로의 변경은 단체장과 문화관광과의 행정 담당자, 디자인과의 담당자와 워킹그룹 멤버들, 조경 설계 회사의 다양한 사람들의 적극적인 노력이 있었기에 가능했으며, 이를 통해 남양주시의 수변길에 어울리는 새로운 축을 만들 수 있게 되었다.

실제 디자인을 적용할 때에는 시작부터 완공까지 세밀한 부분을 검토하였다. 심지어 돌의 배치나 틈의 색채와 간격, 깃발의 색채와 배치, 벽돌담의 높이와 돌출의 간격까지, 보이지 않는 세밀한 조정을 통해 원래의 디자인안이 최대한 구현되도록 하였다. 이러한 적극적인 노력이 지금의 다산로를 만들어내는 밑거름이 되었을 것이다.

다산로 디자인에 적용된 개념은 '획일화된 디자인 접근에 대한 탈피, 장소가 지닌 상징적 형성 방안으로부터의 탈피'로부터 시작되었다. 무엇이 가치 있는 디자인인가를 고민하는 데 있어, '누구에게', '어떻게'는 항상 다가오는 디자인 제작의 출발점이 된다. 그것은 결과적으로 '어떤' 디자인이, '누구'에게, '어떻게' 도움이 되느냐는 것으로 그 가치를 결정하게 된다. 사람들에게는 어떤 결과에 대한 '예측' 능력이 경험을 통해 축척되어 왔기 때문에, 그러한 공간과 가치의 결정 사이에는 일정한 정보의 대중적 소통 구조가 항상 작용하고 있다. '다산로'라는 길 이름이 주는 가치도 바로 그러한 것을 가장 상징적으로 대변하는 요소다. 결과적으로 '다산로'라는 이미지와 가장 부합되는 가치를 어떻게 형성해나갈 것인가로 디자인 과제가 귀결된다고 할 수 있다.

그럼 여기서 두 가지 디자인 방향을 놓고 고민이 생긴다. '사람들이 원하는 디자인이 좋은 디자인이다'와 '사람들이 당장은 원하지 않더라도, 먼 미래를 보고 사람들의 이해를 구하면서 이상적인 디자인을 만드는 것이 올바르다'라고 하는 관점이다. 물론, 둘의 방향이 일치하거나 조율된다면 가장 이상적이겠지만, 대다수의 경우에는 일정한 '타협점'을 찾아야 한다. 원칙은 존재하겠지만 '가치'가 항상 일정한 것은 아니며, 공간과 장소에 따라, 그리고 그것을 판단하는 구성원에 따라 변할 수 있기 때문이다. 물론, 이것이 존재론이나 인식론과 같이 확연히 다른 관점으로 접근한다는 의미는 결코 아니다.

여기서는 디자인 대상지인 다산로가 가진 장소의 특징과 디자인 향유의 대상자를 고려하여 접근의 기준과 디자인 표현의 방법을 정할 수 있었다. 다산로는 북한강변의 아름다운 수변 풍경과 수락산과 같은 수려한 산들의 연속적인 풍경을 볼 수 있는 곳이다. 팔당댐과 같은 거대 인공 구조물이 있으며, 경춘선을 지지하는 옹벽 구조물이 이어져 있다. 그리고 그 길을 따라가면 다산 정약용 선생의 생가가 있고, 그 생가를 기점으로

6번 국도와 이어져 춘천으로 이어져 나가는 물줄기의 결절부와 같은 곳이기도 하다.

이곳의 자연 풍경은 남양주의 다른 곳에서는 보기 힘든 천혜의 수변 공간을 가지고 있으며, 물길을 따라 사계절 변하는 자연의 색채가 시각적인 풍요로움을 전해주는 기반이 되고 있다. 이 공간을 이용하는 사람들은 자연에서 여가 시간을 보내고자 하는 외지의 방문객들과 지역 시민들, 이곳에서 살아나가는 지역의 주민들이다.

장소에서 디자인의 방향을 정하는 것은 생각보다 어려운 일이 아니다. 역사성을 요구하는 곳에서는 역사적 품격을, 자연이 수려한 곳에서는 자연의 풍요로움을, 새로운 첨단이 요구

다산로의 새로운 풍경. 자연이 줄 수 있는 친숙함을 최대한 살려냈다.

되는 곳에서는 새로운 발견을, 주택가에서는 삶을 윤택하게 하는 디자인을 구현하면 된다. 실제로 다산로에서 눈에 두드러지는 디자인은 찾아보기 어렵다. 왜냐하면, 모든 디자인이 자연을 주인공으로 삼고 눈에 띄는 인공적인 것은 조연 역할을 하도록 처음부터 조정되었기 때문이다. 지금 당장은 이러한 가치의 소중함을 느끼지 못할 수 있지만 점차 사람들이 보이지 않는 풍요로운 가치의 매력을 느끼게 될 것으로 믿는다. 그것이 우리가 처음부터 다산로의 디자인을 시작하며 구현하고자 했던 이미지이기 때문이다.

능내1리의 수변 전망대. 전문가의 조언에 따라 지역 주민이 아이디어를 내고 자연 소재를 사용해 직접 제작하여 수변의 새로운 거점을 만들었다. 이곳의 연꽃은 지역의 새로운 수입원이 되고 있다.(사진: 남양주 시청)

공간의 조건이 디자인을 결정한다

우리가 다산로를 찾아오거나 남양주에 살고 있는 사람들에게 주고자 하는 풍경은 자연과 다산로의 문화가 자연스럽게 느껴지는 풍경이다. 그것도 직접적인 설명 또는 과도한 상징으로 전하는 것이 아닌, 삶의 풍경이자 자연 속에 감추어진 숨은 그림을 천천히 찾는 것처럼 말이다.

아무도 꽃을 보려고 하지 않는다.
꽃은 작고 들여다 보는 일에는 시간이 걸리니까.
그렇다. 친구를 사귀는 데 시간이 걸리는 것처럼.

조지아 오키프Georgia OKeeffe의 시처럼, 당장 눈에 보이지 않더라도 자연과 조화된 풍경 속에서 다산의 이야기가 조금씩 다가와 자연스럽게 친구가 되는 평안한 풍경을 전해주고자 하는 것이다.

물론, 그 지역에서 음식점을 경영하는 분들이나 상업에 종사하는 분들, 지역의 특징을 과도하게 전달하고자 하는 의욕 넘치는 사람들에겐 약간의 반감은 살 수 있지만, 오랫동안 이 공간이 사랑받도록 하기 위해서는 그것이 최선의 디자인이라고 생각되었다.

모든 디자인은 공간이 요구하는 조건에서 태어난다. 그것이 가치를 높이게 되고 삶으로 융화되면, 그것 이상 가는 최고의 디자인은 없으며, 그 접점에 존재하는 형태적·문화적 가치가 상징이 된다.

디자인 실행에 앞서, 우리는 인식의 전환을 통해 현재 다산로에서 볼 수 있는 일상적인 풍경이 가진 아름다움의 가치를 재해석할 필요성을 느꼈다. 우선, 옹벽에 남아 있는 무수한 사랑의 낙서들이 지저분한 것이 아닌, 이 공간만이 지닌 문화적 가치라는 점을 알려나가야 했다. 새로운 성격 규정에 따른 반감도 어느 정도 예상되었지만, 그 가치가 모두의 공감을 얻게 되면 그것은 보존이라는 경향으로 움직이게 되고 그 자체가 하나의 디자인으로 인식될 수 있다.

또 하나는 시각적인 전달에 있어 자연을 최고의 디자인 요

찾아오는 사람들에게 지역의 개성적인 풍경을 보여주는 산책로를 조성하였다.

소로 정하고, 그 자연이 최대한 아름답게 보이도록 인공적인 요소들의 영향을 최소화하는 것이다. 이를 통해 팔당댐과 북한강의 수변 풍경이 어느 조망에서나 아름다운 길을 만들어 나간다. 또 하나는 다산 생가로 이어지는 길이라는 이미지를 중요한 길의 결절부에 심어준다. 그것도 길 고유의 느낌이 전달되도록 다산의 이야기를 곳곳에서 풀어나가는 방식으로. 이러한 방향성은 이후 전개되는 모든 디자인에 적용되는 기준이 되며 시각적 이미지 표현의 적용 방침도 된다.

이러한 방침이 서게 되면 디자인 적용 방법을 세운다. 구조와 소재, 지역의 자원 활용이 그것이다. 다산은 수원성의 축조 기술을 정립한 과학자이며 뛰어난 글과 그림을 남긴 문학자이자 예술인이었다. 이를 통해 '쌓고, 자연 속에 그리다'라는 표현 방침이 서게 되며, 성의 모티브를 통해 열악한 공간을 정비할 방향성이 설정된다. 길게 이어진 다산로에 쌓고 그리는 행위와 다산의 흔적을 알아나가는 과정에서 사람들은 다산로의 정취를 느끼고 다산 생가에 가서 그의 철학을 접했을 때, 공간이 지닌 가치는 배가 되며 지역의 새로운 자산이 되는 것이다.

마을마다 거점을 만든다

다산로의 디자인 전개에 또 다른 특징이 있다. 이러한 디자인 개념을 지역에 살고 있는 사람들과 같이 만들어나가고 디자인 철학을 확산시켜내는 것이다.

마침 남양주시의 각 마을에서는 마을 만들기 사업이 활발하게 전개되고 있었고, 특히 능내1리와 2리를 중심으로 수변의 공간 개선 사업이 한창 진행되고 있었다. 다산로 사업과 마을 가꾸기 사업은 독자적으로 진행되고 있었지만, 지역의 장기적인 수변 경관축을 만들기 위해서는 두 사업의 디자인 방향을 공유할 필요가 있었다. 단순히 보여주기 위한 아름다운 마을을 만드는 것만이 아닌, 사람들의 삶이 자연 속에 살아 숨 쉬는 거점이 필요하다는 측면에서도 디자인의 가치 공유는 중요한 의의를 가졌다.

이 디자인 중에서 주민들의 손을 거치지 않은 것이 없다.

마을 만들기 사업은 능내리 이외의 마을에서도 진행되고 있었지만, 이 마을이 다른 마을과 다른 점이 있었다. 바로 수려한 자연 환경에 연꽃이라는 명확한 테마가 있었고, 이러한 테마를 실행시킬 수 있는 마을 주민들의 의지와 역량이 있었다는 점이다. 특히, 두 마을은 마을 만들기 사업을 적극적으로 진행시킬 수 있는 적극적인 리더가 있었다. 장기적으로 지역 특성에 맞는 다양한 디자인 사업과 활동을 전개하기 위해서는 마을의 실정을 잘 알면서도 마을 사람들의 다양한 의견을 모아낼 수 있는 사람이 필요하며, 그가 곧 리더가 된다.

다산로 주변의 마을 만들기 사업에서도 '환경에 부담을 주지 않고' 지역의 자원을 살리며, 자연과 역사를 디자인 모티브로 가로의 연속성을 이어나가는 방안을 접목시켰다. 대표적으로, 능내1리의 마을 개선 사업의 디자인은 주민들의 독자적인 힘으로 자연과 조화되는 고유의 풍경을 보여주어 찾아오는 이들이 편안함을 느끼게 하였다. 따라서 이곳에 사용되는 모든 색채와 소재는 자연에 순응하는 것들이며, 전문가의 의견에 따라 지역 주민이 직접 아이디어를 내고 구체적인 디자인으로 만들어내었다.

능내1리에 설치된 벤치와 펜스는 주민들이 마을 주변의 나무를 직접 고르고 잘라서 만들었다. 또한, 청정 수변 구역의 특성을 고려하여 방부 페인트 등 환경을 오염시키는 도료 사용을 피하였다. 특히, 펜스는 기존의 철재 녹색 그물망 펜스를 거둬내고 설치하였는데, 그 이전의 녹색 펜스와 그 기반을 일부 남겨두어 이전과 지금의 변화 과정을 볼 수 있도록 하는 아이디어도 적용하였다. 주요 조망 포인트에 전망대를 만들어 찾아오는 사람들과 마을에 거주하는 주민들이 연꽃이 피는 아름다운 풍경을 볼 수 있도록 하고, 그 공간에 정자를 직접 제작하여 휴게 공간을 제공하였다. 가로 사인과 안내판은 나무 소재를 사용하여 자연의 부하를 줄이고, 등산로를 조성하여 마을 언덕 위에서 수변을 바라볼 수 있도록 하는 등의 다양한 배려가 곳곳에 숨어 있다.

그 결과, 진입로의 머루터널부터 시작되는 산책로부터, 찾아오는 사람들을 위한 다양한 볼거리를 주민들이 아이디어를 내고 제작하여, 다른 곳에서 볼 수 없는 개성적인 풍경을 만들고 있다. 거기에 토끼를 토끼섬에 방목하여 자연 생태에 활기를 부여하기 위한 노력도 더해가고 있다. 그 중에서도 수변 전역에 조성된 연꽃 단지는 아름다운 풍경과 함께 물을 자연 정화시키는 친환경의 이점도 가져왔다. 연꽃을 활용한 제품 개발에 노력을 기울여 풍경과 지역 활성화의 조화를 시도한 점은 마을 만들기 사업이 단지 보이는 디자인 사업에 그치지 않고 지속적으로 사람과 공간을 연결시키는 역할을 했다는 점에서 그 의의가 더 크다.

현재는 영농조합을 설치하여, 연꽃을 이용한 다양한 음식과 차 등을 개발하여 지역 주민들의 경제적 활성화에도 조금씩 기여도를 높여가고 있다고 한다. 이러한 능내리의 마을 가꾸기 활동은 언론 매체를 통해 전국적으로 많이 알려지게 되었다. 가끔 오는 사람들에게 지금의 풍경은 자연 속의 편안한 풍경으로 보이겠지만, 그들의 오랫동안의 노고가 만들어낸 소중한 결과물이란 점에서 그것을 만들어온 주민들이 갖는 가치는 어느 누구와도 비교할 수 없다.

능내2리에서는 연꽃을 테마로 수변 공간을 조성하였다는 점에서는 1리와 유사하지만, 1리와는 달리 지역 주민을 위한 산책로를 조성하고 삶의 쾌적한 공간을 지향했다는 점에서는 다소 차이점이 있다. 2리 주변의 식당들도 이러한 디자인 개선 활동으로 상가의 활기가 조금씩 탄력을 받고 있으며, 차츰 상가 주

연꽃 조성부터 시설물의 제작까지 모든 것이 주민들의 손에 의해 이루어졌다. 이렇게 스스로 만들어낸 풍경이 돈을 들여 다른 사람이 설치한 것보다 더 큰 의미를 스스로에게 부여하게 된다.(사진: 남양주 시청)

변의 미관 정비에 동참하고 있다고 한다.

이 두 지역은 친환경 소재를 활용하여 마을의 시설물을 손수 만들었다는 것만으로도 그 가치가 크지만, 더 중요한 것은 연꽃이라는 소재를 활용하여 자연을 복원시키고 지역 활성화를 위한 생산 활동 기반을 주민들 스스로 만들어나갔다는 점에 있다. 방문객들은 주민이 직접 제작한 정자와 벤치, 펜스, 전망대, 연꽃이 피어 있는 산책로를 걸으며, 도심 생활의 답답함을 떨칠 수 있으며, 계절마다 변하는 4계절의 풍경은 언제 와도 지루하지 않은 안락함을 그들에게 제공한다.

그 공간에 들어가는 펜스와 벤치, 안내판, 사인 등, 많은 인공 시설물들은 자연에 부담을 주지 않는 소재와 색채로 만들어져 있어 결코 자연 풍경을 즐기는 데 지장을 주지 않는다. 이 공간 역시 다산로와 마찬가지로 자연이 중심이 되고 인공적인 시설들은 자연을 돋보이게 하는 역할을 하고 있다. 공간 디자인은 관계성의 미학이라고 주장해온 바와 같이, 이러한 다양한 관계성과 천혜의 자연 공간 조건, 사람들의 열정과 그것을 이어주는 시설물들의 디자인이 모여 이 공간을 만들고, 사람들은 그것을 느끼기 위해 다시 찾아오게 되는 것이다. 그리고 여기서 생산되는 연꽃을 소재로 한 특산품은 지역을 활성화할 새로운 자원이 된다. 능내리는 다산로를 비롯한 남양주 수변 공간 전체에서 바라볼 때도, '보여주는 공간'에서 '살아나가는 공간'으로 그 모습을 발전시켜가고 있다는 점에서 그 의의는 더욱 높으며, 수변의 생활 거점으로 발전될 가능성이 높다고 생각된다.

이러한 자연을 존중하는 마을의 다양한 디자인은, 디자인이 단지 눈에 보이는 요소로만이 아닌 자연과 어울려 살아가는 생활방식 또는 철학이라는 것을 일깨우게 한다. 공간의 디자이너는 많은 디자인에 있어 공간이 지닌 가치보다 디자인 기술이나 새로운 표현 방식에만 신경을 쓰게 되어, '장소의 요구와 조건'을 잃어버리는 경우가 많다. 일종의 디자인의 '패스트푸드화'가 진행되어, 표현은 지역의 개성을 담았다고 하나 다른 곳과 전혀 다를 것 없는 기성품의 대입에 그치게 되는 것이다.

그러나 전문적인 지식이 다소 부족하더라도 지역에 살고 있는 주민들 중에는 지역에 필요한 디자인 조건에 대해 풍부한 지식을 가진 사람이 의외로 많다. 그러한 지식을 어떻게 살려나가고 공간의 힘으로 결집해낼지를 디자인 프로세스에 접목시키면 관리 측면에서도, 표현 측면에서도 풍부해진다. 디자인의 차별화는 외형보다는 '가치와 과정'에서 시작된다. 그렇기에 대부분의 디자인 사업에서는 한마디의 따끔한 충고가 필요하다. '재촉하지마'라고.

일상의 디자인

물론 다산로 주변에는 이들의 눈에 당장 확 드러나는 상징적인 디자인은 없다. 여기서는 여기만의 조건에 맞는 특징을 살려나가는 것이 중요한 콘셉트이기 때문이다. 사람이 어느 장소에 가는 것은 경치가 좋아서, 사람을 만나기 위해서, 무엇인가를 사기 위해서, 산에 올라가기 위해서, 먹거리를 찾아서, 살기 위해서 등등, 나름대로 목적이 있기 때문이다. 때로는 그냥 마음을 달래기 위해 아무 생각 없이라고 하더라도 그것 자체가 목적이 된다. 그 속에서 특정한 목적을 가진 사람들이 많이 찾는 장소는 그 사람들의 목적을 만족시키는 매력이 있기 때문일 것이다. 그리고 그 매력을 느끼는 원인은 다른 곳에서 찾을 수 없는 무엇인가를 가지고 있고, 그것을 통해 위로와 즐거움 등의 행복을 느끼게 될 것이다.

한편으로, 자연과 역사적 풍경이 살아 있을 때는 모두가 살고 싶고 보고 싶은 곳이었다가, 비일상의 관광지가 되면 단순한 테마파크가 되어 소외된 거리도 적지 않다. 비일상의 즐거움을 가끔 주는 곳과 살고 싶은 곳은 명확히 다른 정겨움이 있는데, 그 의미가 바뀌었기 때문일 것이다.

굳이 '일상적으로 살고 싶은 곳'과 살진 않지만 '비일상적으로 가끔씩 찾아가고 싶은 곳'으로 나눈다면, 다산로의 마을들은 살고 싶은 곳이자 찾아가고 싶은 두 가지를 동시에 만족시키는 곳이라 생각된다.

다산로를 기점으로 한 수변 디자인 개선에는 이 외에도 가로의 각 거점에 디자인 포인트를 심고 열악한 풍경은 수목으로 막는 등, 아름다운 공간을 적극적으로 보여주는 방법으로 점차적인 개선을 진행해나가고 있다. 이 중에는 다산 진입로에 있는 '다산의 숲'이라고 이름 지어진 상징물과 45번 국도상에 있는 피아노 폭포를 상징하는 조형물은 다른 디자인과 마찬가지로 자연과의 소통과 교감을 모티브로 만들어진 것이다.

특히, 인공적인 구조를 최대한 줄이기 위해 투명감과 개방

능내2리의 조정 과정과 조성 후 풍경의 변화.(사진: 남양주 시청)

감을 주고 과도한 형태 변화를 지양하여, 공간이 가지고 있는 의미를 최대한 부각시켰다. 야간 조명의 경우에도 수목이 받는 야간 조명의 부하를 줄이기 위해, 외부로 퍼지는 조명을 없애고 빛이 안으로 모이도록 하는 최소한의 기능만을 도입하였다.

색채는 주변 나무의 줄기색과 유사한 색을 선택하여 강 풍경과 산 풍경을 보는 데 지장을 주지 않도록 하였다. 물론, 사람들이 그 시설물에서 의미를 굳이 찾고자 하는 경우도 있지만, 대부분은 공간이 지닌 그 미적, 기능적 역할과 공간 전체와의 관계 속에서 그러한 인공 시설물들이 지닌 본연의 역할이 나타난다. 다양한 시점의 변화와 소재의 다양성, 선과 선이 만나는 교감과 자연물인지 인공물인지 모를 만큼 조절된 적절한 크기와 색채, 찾아서 발견되는 의미 속에, 그 공간은 지루함보다는 아늑함을 주고, 그것을 보는 사람들의 마음을 개입시켜 공간의 가능성을 확대시킬 수 있게 된다.

물론, 이러한 사업이 보이는 것만큼 쉽게 진행된 것은 아니다. 지역 주민들 사이에 발생했던 많은 충돌과 그것을 모으기 위한 오랜 협의 과정이 있었으며, 그 속에서는 리더들의 적극적인 활동이 뒷받침되었다. 또한, 지역에 맞는 디자인을 만들기 위해 건축과 조경, 도시 계획, 환경, 역사, 디자인 등의 다양한 전문가들이 조언하였고, 이들 사이의 다양한 문제들을 해결하기 위해 발벗고 나선 행정 담당자들의 노력이 있었다. 그들의 목표에는 아름다운 경관을 만드는 것도, 좋은 관광지를 만드는 것도 아닌 지역 사람들에게 '최적의 환경에서 누리는 쾌적한 삶의 제공'이라는 공통된 지향점이 있었으며, 그것이 지금과 같은 개성적인 공간 형성의 밑거름이었음이 분명하다.

이제 다산로를 시작으로 주변의 마을에서 구축된 디자인 개념을 남양주시 수변 공간 전체로 확산시켜나갈 과제가 남아 있다. 우리는 각 거점에 맞는 새로운 디자인 방향과 내용을 고민해야 할 것이고, 이것은 어느 한 부서의 문제도, 리더 한 개인의 문제도 아니다. 우리 모두가 함께 고민하고 해결해 나가야 하는 문제인 것이다. 그리고 우리는 그 힘을 도심으로 가져와 지역 전체로 확대해 나가기 위한 새로운 접근법도 모색하고 있다.

남양주시 마을 만들기에 관한 정보는 네이버 카페
'남양주시 마을 가꾸기 알림터'에서 확인할 수 있다.
(http://cafe.naver.com/goodmaul/)

주민의 힘으로 규제를 기회로 - 다산 연꽃 마을 조성 사업

조안면 능내1리 이장
조 옥 봉

"천혜의 자연 환경을 보존하는 동시에 주민들의 삶의 질도 높여 보자."

2009년도 지역 공동체 형성을 통한 마을 가꾸기 사업을 시작하면서 우리 능내1리 주민들이 품었던 꿈이었습니다. 2년이 다 되어가는 현재, 이 생각은 꿈이 아닌 현실이 되어가고 있습니다.

우리 남양주시 조안면 능내1리는 팔당호와 가장 인접한 마을입니다. 또한 다산 정약용 선생의 생가와 묘소가 있어 다산의 숨결이 살아 있는 전통 있고 아름다운 마을입니다. 한적하고 작은 능내1리에서 처음 마을 가꾸기 사업이 시작된 것은 아이러니하게도 이러한 천혜의 자연 조건을 지니고 있었기 때문입니다.

수도권 2,500만 시민의 상수원인 팔당호와 다산 선생 생가를 보존하기 위한 각종 규제로 인해, 마을 발전의 한계가 있다는 것을 주민들 모두가 몸소 느끼며 새로운 대안이 있어야 한다는 데 인식을 같이 하였던 것입니다. 그러던 중 2009년도 남양주시에서 지역 주민 스스로 마을을 가꾸는 '지역 공동체 형성을 통한 마을 가꾸기 사업' 공모가 추진되었고, 이 사업을 통하여 그동안 주민들의 한가닥 희망을 꽃피워 보고자 주민들이 결의하여 공모에 참여하였습니다.

처음에는 중첩 규제에 따른 피해 의식만이 가득하여 새로운 사업을 구상할 엄두도 내지 못했습니다. 그러나 마을 주민들은 더 이상 규제로 인한 불만만 토로할 것이 아니라, 발상의 전환을 통해 규제를 오히려 역이용한 더욱 더 친환경적인 사업을 하는 것이 우리 마을에 훨씬 더 나은 결과를 가져 올 수 있다는 판단을 하게 되었습니다. 이러한 생각에서 시작된 것이 많은 사람들로 하여금 팔당호의 소중함과 경관의 아름다움을 만끽할 수 있도록 하는 능내1리 연꽃 테마 마을 조성 사업이었습니다.

우리 마을 곳곳에 연을 심고 그 연을 통해 수질을 정화시키며, 연꽃이 만개하는 여름에는 많은 도시인들과 이웃 주민들이 찾아와 물과 환경의 소중함을 느끼고 아름다운 연을 감상할 수 있도록 하였습니다. 또한, 와서 보고만 가는 것에 머무르지 않고 환경 생태 체험 프로그램을 통하여 환경의 소중함과 자연의 아름다움을 몸소 체험할 수 있는 공간을 조성하였습니다. 이를 위해 시 보조금 1억 원과는 별도로, 상수원 보호 구역 주민들의 피해 보상을 위하여 지원되는 수질 개선 특별 회계 지원금 6천만 원을 마을 공동 사업에 투자하였습니다.

처음 사업을 시작할 때는 어려움도 많았습니다. 사업 계획이 비현실적이라며 반대하는 주민들도 있었고, 외지에서 이주해온 부유한 주민들은 원주민들의 입장을 이해하지 못하고 관공서에 민원을 제기하며 마을 사업에 제동을 걸기도 하였습니다. 그러나 추진위원회 위원들의 지속적인 설득과 수차례 마을 회의를 통해 이러한 부정적인 생각들은 점차 서로 간의 이해로 변해가게 되었습니다. 이를 통해 처음 가졌던 부정적인 마음과는 달리, 개인이 경작하던 하천 점용 부지까지 반납해가며 적극적으로 사업에 동참하는 주민들이 늘어나기 시작했습니다.

이로 인해 우리 마을은 구석구석 연꽃이 피어 있고, 편안한 산책로가 있는 좀 더 아름답고 친환경적인 마을로 변모하였습니다. 주민들은 우리 마을을 더 아름답고 멋진 마을로 만들 수 있다는 자신감을 가지고 이 아름다운 환경을 더 많은 이들로 하여금 체험할 수 있도록 더 많은 노력을 경주하고 있습니다.

이러한 노력의 일환으로 2010년도 6월에는 주민들이 스스로 출자하여 '다산영농조합 법인'을 설립하여 마을 장기 발전 사업을 추진하기 위한 동력을 마련하였습니다. 그 첫 시작으로 7월 말에 마을 자체적으로 '다산 연꽃 축제'를 개최하여 우리처럼 작은 시골 마을에도 많은 방문객을 불러모을 수 있다는 자신감을 얻게 되었습니다.

이를 기반으로 2010년도 하반기에는 연을 활용한 각종 가공 식품을 만들기 위해 가공 시설을 설치할 예정이며, 각종 체험 프로그램을 개발하여 내년부터는 수도권에서 접근이 쉬우면서도 뛰어난 자연 환경, 재미있는 놀거리가 가득한 체험 마을을 개장할 계획입니다. 또한, 주민들의 소득 창출에만 머무르지 않고, 사회적 소외 계층에 대한 일자리 지원, 그들에 대한 지속적인 관심으로 함께 살아가는 사회를 만드는 데 일조할 따뜻하고 착한, 노동부가 인증한 사회적 기업으로 거듭나기 위하여 주민 모두가 노력하고 있습니다.

우리 능내1리 주민들은 이번 사업을 통해 한마음이 되었습니다. 향후에도 마을 주민의 장기적인 발전 계획이 성공적인 결과로 꽃 피울 수 있도록 더욱 더 합심하여 정말 살기 좋은 마을로 만들어갈 것입니다.

조건이 도시의 이미지를 만든다

**장소가 지닌 잠재력을 살린다 –
화도 광장과 주변 계획**

한 장소의 디자인을 하기 위해서는 건축과 시설, 사인과 색채, 보도와 가로등과 같은 무수한 인공 요소들, 수목이나 화단과 같은 자연 요소 등의 다양한 관계를 고려하고 그 특징을 종합적으로 정리하는 것이

조성 후의 화도 광장. 교류와 화합을 위해 비움의 공간을 만들고 예술과 결합된 공간 이미지를 구현하였다.

중요하다.

그러기 위해서는 공간에 오랫동안 축적된 가능성과 잠재력을 발견하고 그것을 정형화된 형태와 지속적인 관리 방안으로 만들어, 사적·공적 공간을 떠나 장소의 문화로 이끌어내기 위한 디자인 프로세스가 세워져야 한다.

비단 남양주시뿐만 아니라 전국의 많은 지자체들이 공공 디자인 계획이나 경관 개선 계획 등을 통해 기존의 경관과 디자인을 개선하기 위한 활동에 적극적으로 나서고 있다. 그 중에는 기존의 장소가 가진 특성보다는 깨끗한 정비와 상징성에만 주목하여 장소의 정체성을 혼란스럽게 만들어 놓은 곳도 적지 않다. 이러한 문제의 배경에는, 사적 자산의 가치에 민감한 주민들의 비적극적인 참여와 지자체의 밀어부치기식 사업 진행 방식이 큰 영향을 미쳤다. 또한, 자연 경관과 역사·문화적 경관 등, 지역의 기본 자산에 대해서도, 면밀한 조사와 장기적인 축적보다 우선 외형적 표현에 치우쳐 기존의 경관 질서를 더 어지럽힌 것도 큰 문제가 되었다. '보이게 하는 것'은 하수의 방법이지만, '느끼게 하는 것'은 상수의 방법이다.

국내에서 경관 개선을 위해 디자인이 세간의 화두가 된 것은 10년이 채 되지 않는다. 청계천 복원을 시작으로 광화문 광장, 가로 시설물 개선, 지역의 상징색 개발, 한강변 경관 개선을 진행하고 있는 서울시를 비롯하여, 전국 지자체에서 진행된 경관 기본 계획 수립과 디자인 가이드라인 수립, 장소 마케팅 계획이 그러한 예다. 이는 도시 디자인이 계획에서 정착까지 많은 시간이 걸리는 것을 고려하면, 그 논의와 실행의 역사로는 길다고 말하기에 부족한 시간이다. 행정 주도로 추진되는 과감한 디자인 정책은 경관 의식의 향상에 도움이 되고 도시의 시각적인 정비에 효과적이기도 하다. 하지만, 이러한 짧은 시간에 가시적인 성과를 얻기 위한 개발 위주의 사업 진행은 필연적으로 그 공간에서 살아온 많은 사람들과 충돌을 일으킬 수밖에 없다. 공간에 축적된 정체성을 존중하고 생활 문화를 고려한 디자인 계획이 어려울 수밖에 없는 이유다. 필연적 결과인 것이다.

사람도 특별한 계기 없이 갑자기 외모와 성격을 바꾸려 하면 스트레스를 받는다. 공간도 예외가 아닌 것이다. 장소가 가진 정체성을 강화하여 그 속에서 살아가는 사람들의 쾌적한 삶을 장기적으로 만들어나가는 것, 도시의 디자인에 있어 이보다 중요한 것은 있을 수 없다. 여기서 '환경의 존중', '사람의 존중'은 구호로만 그쳐서는 안 되며, 정치적인 요건과 경제적인 요건에 앞선 디자인 정책과 과정의 지향점이자 원칙이 되어야 한다.

도시의 이미지는 정하는 것이 아니라 정해지는 것

우리는 다양한 토론을 통해 사업 초기부터 과속 정비의 문제점을 인지하고는 있었으나, 이미 대다수의 사업에 일반적으로 적용되는 방식이었고, 애매한 '장소'의 추상적인 개념을 구체적인 형상으로 이끌어나갈 실천적 경험은 부족한 상황이었다.

초기에는 국내 다른 지역과 외국 사례들을 중심으로 기본적인 모델을 만들어 나가고자 했다. 하지만, 도시가 분산된 다핵 도시이면서 도심, 전원, 수변, 산악 등, 자연 환경이 풍부한 남양주와 유사한 사례를 찾기는 쉽지 않았다. 한편으로 외면의 모습 외에 주민과 행정의 갈등, 지역의 경제적 문제점 등, 이 도시가 처한 내면의 상황은 우리 스스로에게 적합한, 우리만의 도시 이미지를 만들어나갈 방법을 모색하게 했다. 취할 것은 취하고 버릴 것은 버리며, 형식보다는 우리에게 맞는 내용을 찾아나가는 방식이다.

물론, 이러한 방식은 너무나 당연한 이야기처럼 들릴 수도 있겠지만, 행정 조직과 주민과의 관계, 개발 관계자와 전문가의 관계 등 수많은 사람들의 이해관계가 얽혀 있는 도시 속에서 이것을 구체적으로 풀어나가는 것은 생각보다 쉽지 않다. 외형만 흉내 내는 정도라면 또 모르지만. 결국, 우리가 선택한 것은 각 장소마다의 특성을 찾기 위한 시행착오를 두려워하지 않는 것이었으며, 장기적인 관점에서 지금 우리의 모습을 정체성이라는 이름으로 받아들이는 자세로 풀어나가야 했다.

도시의 이미지

먼저, 우리가 지향해야 할 도시의 이미지를 공유해야 했다. 모든 도시는 도시가 가진 역사·문화적 특성과 도시 구조, 형태 등에 따라 이미지와 매력이 다르다. 도시의 기능도 도시의 이미지를 좌우하는 중요한 요인이 된다.

고층 건물과 화려한 쇼핑센터가 넘치는 뉴욕의 맨해튼과 라스베이거스와 같은 도시가 있으며, 교토와 다카야마, 튜빙겐, 세고비아, 톨레도와 같이 역사적인 풍경이 아름다운 도시가 있다. 베니스와 요코하마, 포틀랜드, 상하이와 같은 수변 풍경이 수려한 도시가 있으며, 바르셀로나와 볼로냐, 파리와 시카고, 카셀과 같은 문화 예술의 도시가 있다. 이러한 매력적인 도시 이미지는 풍토와 문화, 역사의 차이점에도 불구하고 몇 가지 측면에서 공통점이 있다.

우선 다양함 속에 명확한 이미지를 지닌다. 어느 도시나 문제점을 안고 있지 않은 도시는 없다. 주거와 상업, 관광과 같이 외부에서 명확하게 인식하는 다양한 이미지를 가지면서도 그러한 점을 통합하여 하나의 이미지로 표현할 수 있는 도시의 힘을 가지고 있다. 도시의 개성은 그러한 공간 특성을 개념적으로 명확히 표현한 것이며, 광대한 도시를 명확한 이미지로 대변하는 관계 특성에 의해 형성되는 것이다.

또한, 매력적인 도시에는 살고 싶은 쾌적함이 있다. 쾌적함은 살고 싶음을 나타내는 기준이며, 도시의 미관과 안전성, 사회적 인프라와 경제적 활기, 개성과 같은 다양한 요소의 영향을 받는다. 최근 많은 국내의 도시들이 관광 브랜드화를 지향하고 있지만, 관광지와 살고 싶은 곳은 다르다. 생활의 쾌적함과 여유, 그러면서도 다양한 삶의 형태를 수용할 수 있는 일상의 관용을 갖춘 곳이 매력적인 도시 공간이 되며, 시각적 즐거움에 중심을 둔 비일상의 관광지와는 차이가 있다. 우리가 디즈니랜드에 가서 스트레스를 해소하고 비일상의 즐거움을 찾지만 오랫동안 살고 싶다고 느끼기 힘든 것이 그러한 이유다.

조화성은 도시의 아름다움을 나타내는 척도다. 조화는 다른 요소와의 어울림을 나타내며, 공간과 공간, 공간과 사람, 도시와 자연, 색채와 디자인, 도시와 예술 등과 같은 각 요소 간의 상호 질서가 있는 상태를 의미한다. 조화로운 도시 이미지는 그 자체로 명확한 이미지를 전달하며, 시각적인 안정감이 있다. 따라서 조화는 구조의 미적 척도임과 동시에, 환경을 구성하는 요소의 균형 상태를 나타내기도 한다. 이러한 관계 요인으로 인간은 도시에 대한 정보를 축적하고, 시대를 초월하여 형성된 미적인 기준에 의해 도시의 이미지를 평가한다.

장소성은 '~다움'이란 용어로 쉽게 표현되며, 다른 곳과는 차별화된 강한 이미지를 나타낸다. 모든 장소는 자리 잡은 지형과 기후에 따른 풍토, 구성원들의 특성과 축적된 문화 차이로 인해 생겨난 공간 문화성이 있기 마련이다. 이러한 차이에 높고 낮음은 없으며 시각적인 공간의 표현에 있어서도 장소의 특성이 나타난다. 흔히 정주 의식이 높고, 역사 문화가 축적된 지역이 미적인 수준이 높고 명확한 이미지를 풍기는 것은, 장소에 대한 협의된 무언無言의 약속이 기반에 깔려 있기 때문이다. 알기 쉬운 장소성은 새로운 구성원이 쉽게 그 도시 공간을 이해하고 적응하도록 하며, '미적인 공감'으로 이어져 매력적인 공간 이미지를 생기게 한다.

이것을 정리하면, 뛰어난 도시의 이미지가 구축된 곳은 역사적으로 그에 상응하는 여러 가지 상황과 조건이 있다. 유럽의 중세 도시의 명맥을 유지하고 있는 볼로냐와 바르셀로나 등은 역사·문화적 기반이 탄탄하며, 창조적인 활동이 도시의 새로운 이미지를 구축하고 있는 뉴욕과 요코하마 같은 도시는 문화적 다양성을 수용할 입지 조건이 대체적으로 뛰어나다. 이 도시들은 사람과 공간, 그러한 의식이 축적된 문화·역사와 같은 명확한 도시의 이미지를 구축하고 있다. 명확한 도시의 이미지는 도시의 개성과 같은 지속적인 경관의 지향성과 가치를 부여하며, 공간의 행위를 규정하여 사람들에게 쾌적한 삶의 기반을 구축하는 중요한 요소다. 이러한 도시 이미지의 기본 단위가 근린이며, 도시의 디자인은 근린을 기반으로 공간의 자원, 도시 이미지의 잠재력을 배가시키는 활동이라고 할 수 있는 것이다.

따라서, 남양주시의 도시 디자인에서도 시 전체, 각 마을과 장소가 가지고 있는 이미지를 명확하게 할 필요성이 있었으며, 그것이 도시 디자인을 그 지역의 현실적인 조건에서 출발해야 할 수밖에 없는 이유였다. 결국, 도시의 상황과 조건이 도시 이미지가 지닌 정체성의 기반이 되기 때문이다. 우리에게 그 열쇠는 공간에서 다양성과 조화의 이미지를 찾는 것에 있었다.

긴 준비 – 마음먹기

화도의 마석 시장에 대한 정비 계획은 주변 도시 계획 도로가 신설될 때부터 진행되었고, 그에 따라 도심 곳곳에 5일장이 들어서던 기존의 복잡한 구도심에 일대 지각 변동이 일어나게 되었다. 이러한 상황이 발생했을 때, 대다수의 계획 대상지 주민들은 행정의 구역 분할에 따라 토지를 팔거나 다른 곳으로 옮겨 장사를 하는 것이 일반적이다. 이러한 도로의 신설로 인한 구도심이 받는 영향과 스트레스는 생각 이상으로 크다.

화도의 5일장은 기존의 구도심 내부의 골목과 대로변에서 신설되는 교각 하부로 이전할 수밖에 없었으며, 오래된 점포들이 철거되고 새로운 건축물들이 가로변을 따라 생겨나게 되었다. 이런 경우, 기존의 거리 풍경은 사라지고, 어지럽게 뻗은 고가로 인해 어수선하고 복잡한 외곽 지방 도시의 전형적인 형태를 띄게 되기 마련이다. 아무렇게나 붙인 간판, 무질서한 가

화도 광장을 조성하기 이전 사진.

이전의 화도 주변. 복잡하고 걷기 힘든 환경이 조성되어 있다. 도시 계획 도로를 조성한 후에는 이러한 시가지의 혼잡함이 더 가속될 우려가 있었다. 그리고 정비과정에서 80년 이상된 오래된 참기름집이 사라지기도 했다.

대학원 학생들의 지역 조사와 워크숍을 위한 토론.

북촌과 대구시 중구의 거리 만들기 사례 답사. 이를 통해 우리의 방법을 모색한다.

로, 여기저기 엉겨 붙은 광고 전단지와 현수막, 걷기 힘든 가로 등, 계속 살아가기에 무색한 환경이 조성되어버리는 것이 현재 지방 도시가 처한 현실이다.

이는 화도에서도 예외가 아니었다. 장사할 자리를 빼앗긴 상인들의 반발과 기존 건물주와의 갈등, 상권의 이탈을 걱정하는 점포주, 가로 통행의 불편을 우려하는 주민 등, 다양한 사람들의 이해 관계가 복잡하게 얽혀가기 시작했다. 그 당시는 도시디자인과가 생기고 다양한 도시 디자인 사업의 방향을 본격적으로 모색하던 시기였다.

다행히 워킹그룹 내부에는 화도에 관심이 높은 지역 주민들과 화도에 거주하던 주민이 많았으며, 화도랑 문화연구회라는 자치조직도 있어 화도의 문제점에 대한 주민의 다양한 의견을 모을 수 있었고, 이러한 의견을 디자인과에서 조율하기 시작했다. 초창기의 지역 모임은 결속력이 약하여 상업적 협력 이외의 지역 커뮤니티에 대한 활동은 미약하였고, 행정과의 관계에서도 상호 신뢰도가 매우 낮은 상황이었다. 우선, 주민들 스스로가 자신들이 처한 문제점을 이해하고, 이를 해결해나가기 위해 무엇을 해야 할 것인가를 찾아나가야 했다. 또한 행정과 주민들 간의 신뢰를 회복하고 시장 상인들을 비롯한 다양한 사람들의 동의를 얻어나가야 했다. 그러기 위해서는 지역의 주체가 명확히 서야 한다.

당시 화도랑 문화연구회는 화도 마석 시장의 유일한 커뮤니티 조직이었으나, 지역 주민 전체를 대표하기에는 아직 역량이 부족했었다. 그러나 지역에 관심이 있는 다양한 사람들이 모여 있었고 그 열기도 높아, 지역 단위로는 처음으로 마을 워킹그룹 형태의 논의를 시작하게 되었다. 시작은 당연히 어려웠다. 오랜 조율과 토론을 했음에도 구체적인 사업으로 진행될 가능성은 보이지 않았고, 적극적인 참여보다는 몇 명의 리더가 고생을 하며 상인들을 설득하는 힘든 시간이 지속되었다.

그래서 우선 시작한 것이 다른 지역에 대한 답사였다. 답사를 통해 지역의 경관에 관심이 있는 사람들을 모으고, 화도가 처한 기본적인 문제점을 공유하게 되었다. 또한 이를 계기로 행정과 주민 간의 어려운 벽을 다소나마 허물 수 있게 되었다. 이를 기점으로 대학원 학생들의 지역 가로 개선 워크숍, 예술가들과 함께 한 간판 정비 워크숍, 가로 자원 조사 등, 다양한 활동이 전개되었으며, 막연하나마 차츰 향후의 개선 방향을 세울 수 있게 되었다.

그러나 지금 생각해보면, 아이러니하게도 화도의 경관과 관련해서는 내가 계획한 화도 광장 마스터플랜 말고는 제대로 된 경관 계획이나 공간 정비 계획 같은 것을 수립한 적이 없었다. 이렇듯 다소 위험이 따르기도 했지만, 남양주시에서 인구가 가장 많이 밀집된 중심 시가지의 경관 정비를 대략적인 방향만 가지고 진행할 수 있었던 것은 공감과 서로에 대한 신뢰가 바탕에 있었기에 가능했을 것이다. 그것은 우리가 사업을 본격적으로 계획하고 1년 이상 소통하고 협의한 결과였으며, 그 과정에서 지역 주체, 도시 디자인과 워킹그룹 간의 면밀한 관계가 조성되었던 점도 배경에 있었다.

비우는 디자인

2009년 말, 화도 광장 주변의 도로 기반의 정비가 완료되어, 본격적으로 도로 사이에 남은 삼각형의 빈터에 주민을 위한 디자인 작업에 착수하게 되었다. 1년 동안 대학생들과 진행한 워크숍과 지역 주민들과의 다양한 토론을 통해 기본적인 지역 자원과 정보는 가지고 있었다. 하지만 지역과의 관계성을 높이기 위해 대상지 주변의 역사적 관계와 지역 주민과 상인들의 요구 조건도 추가로 조사했다. 또한, 5개의 도로가 접하는 곳이기 때문에 각 도로에서 보이는 조망 관계, 교각 밑이라는 폐쇄된 공간 이미지를 어떻게 해결해야 하는가도 중요한 과제였다.

이 공간은 향후 화도만이 아닌 남양주시 구 시가지의 중심지가 될 가능성이 높은 곳이다. 그러기 위해서는 무엇인가 또 다른 부가 기능과 구조를 넣기보다는, 다양한 공간과 공간, 사람과 사람이 만나고 소통할 수 있는 공간, 즉 광장이 필요하다고 판단되었다. 그것도 물리적인 요소를 완전히 비워 사람들의 활동으로 가득 채워질 공간 말이다.

본래 도시 공간은 다양한 사람들이 끊임 없이 접촉과 움직임을 통해 가치기 생기게 된다. 하나의 가치는 다른 요소가 배경으로 존재하기 때문에 생기며, 자신의 역할 역시 주변과의 유동적인 관계 속에서 항상 설정된다. 또한, 그 크기가 공간 유형의 체계를 형성한다. 이 체계는 섬세한 정원 공간의 스케일에서 큰 도시 공간의 스케일까지 영향을 미친다.

도시 공간의 장소성은 인간의 시각 거리의 스케일에서 나온다. 이 거리는 친밀감을 주는 거리이며, 이 범위 내에서는 인간의 얼굴이 구분되며 아름다운 구도심의 스케일이다. 특히, 오래된 도시 공간 규모에서는 공간 구성 요소의 상호 연관성이 더욱 중요해지며, 화도와 같은 구도심에서는 지역의 역사를 나타내는 요소없어진 참기름집도 그런 의미에서는 참으로 안타까운 자원이었다와 가로 특성들은 휴먼스케일의 감각을 최대한 살리는 방향으로 디자인되어야 한다.

도시 공간의 기본적 조건은 물리적으로 둘러싸임 혹은 도시 형태로 인한 강한 구역 구분이다. 둘러싸인 공간은 뿌리나 줄기와 같이 물적 표면에 의해 형태가 만들어진다. 예를 들어, 광장은 모든 면이 충분히 둘러싸인 곳이며, 대로는 두 면이 벽으로 되어 충분히 주목받도록 조성된 공간이다. 도시 공간의 개념에서 많은 도시 요소를 단독으로 보기보다는, 각자의 성질을 지닌 요소가 하나의 실체로서 포괄적으로 바라보는 것이 중요하다.

각 공간에서는 도시 전체의 규모에서의 패턴 디자인이 중요하며, 개별 구역을 사용하는 사람이 알기 쉬운 구조로 만들고 이것을 네크워크로 확대시킨다. 또한 도시를 위한 구조물을 도시에 만들 때는, 목적에 따른 친밀함을 고려한 크기가 중요하다. 지나치게 큰 상징물과 광장, 가로가 오히려 거부감을 줄 수도 있다. 이 점에서도 화도의 교각 밑 갇힌 공간은 시각적 개방감으로 유도하고 확장성을 강화해나갈 필요가 있다.

광장과 같은 오픈 스페이스는 공간의 또 다른 형식이며, 공원과 같이 열린 공간으로 사람들에게 개방되어 집결과 교류에 존재 가치를 부여한다. 도시 공간은 특히 건축물의 위치에 따라 만들어진다. 도시가 존재하는 자연을 도시 형태로 가두는 것은 불가능하지만, 도시에서 관계의 성격을 지니게 된다는 의미에서는 중요한 것이 오픈 스페이스다. 도시는 전체적인 형체로서, 이 거대한 공간을 강조하는 것이다. 마찬가지로 화도 광장에는 마석의 거대한 공간을 확장시키고 창조해나가기 위한 소통의 장으로서의 역할이 필요했다.

기본적인 공간 배치는 대동여지도에 나온 남양주시의 위치에서 아이디어를 착안하였다. 공간의 형태가 남양주시의 지형과 유사하고 수질의 흐름과 방위가 흡사하여, 화도를 남양주시의 중심으로 가져가자는 의미에서 모티브를 착안하고 공간

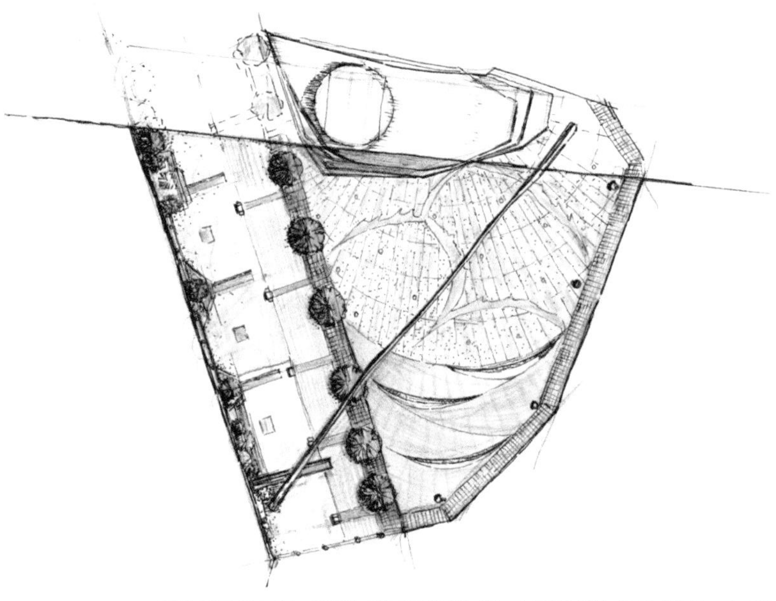

화도 광장의 기본 디자인. 대동여지도에 있는 남양주시의 중심 형상을 가져와 가로의 축을 구축하고 녹지와 휴식 공간을 지닌 개방감 있는 디자인을 적용했다.

전체의 바닥 패턴을 잡았다. 또한, 이 공간의 최대 문제점으로 지적되던 교각 밑의 폐쇄된 공간에는 지역 주민들이 모여서 쉬기도 하고, 다양한 공연 활동을 벌일 수 있는 무대를 제작하였다. 한여름에는 시원한 그늘이 주는 휴식 공간이 되고, 마석 시장의 정겨운 풍경을 보는 전망대이기도 하며, 친구와의 약속 장소가 되기도 하는 것을 생각하며, 옛날 시골집 평상과 같은 개념을 가져온 것이다. 친환경(?) 녹색의 교량이 외부로 풍기는 거대한 구조감은 광장 진입부부터 플라타너스를 일렬로 식재하여 인공적인 이미지를 약하게 하고자 했다.

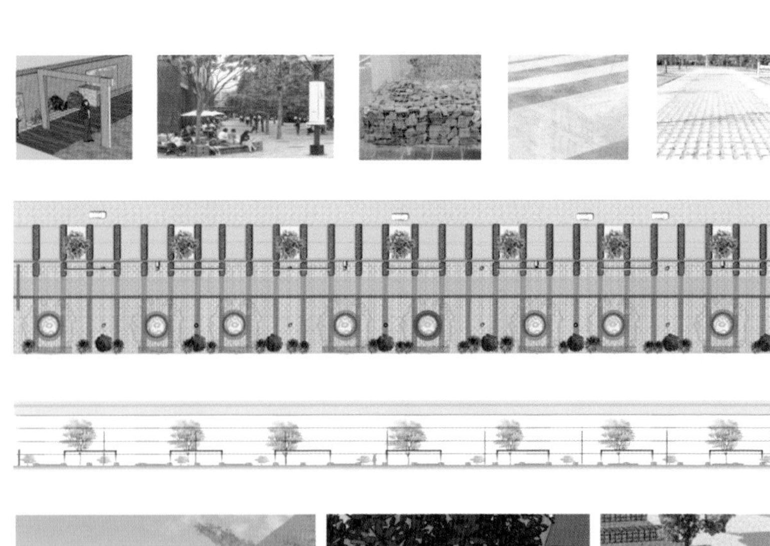

5일장의 프롬나드 조성 기본 계획안.

그 외에 인공적인 시설물은 일절 배제하고 나머지 공간은 사람들의 활동을 위해 최대한 남겨 두었다. 따라서 이 공간은 비움을 통해 복잡한 시장 골목에서 시각적 순화의 공간으로 자리매김하도록 하였고, 동시에 주변 가로 디자인의 기점으로서의 역할도 하게 되었다.

이 공간이 지닌 또 하나의 특징은 확장성이다. 화도 광장은 화도 중심에 잡리 잡고 있지만, 동시에 우측 교각 밑에는 5일장의 기능을 갖춘 프롬나드를 조성하고 좌측에는 청소년들을 위한 쾌적한 놀이 공간을 조성하여 시장 상인들과 지역의 청소년들이 자유롭게 드나드는 공간을 지향하고 있으며, 현재 5일장 공사가 한창 진행 중이다.

화도 광장은 이 두 공간의 가운데에 있기 때문에 중심으로서의 시각적 확장성이 요구되며, 교각 밑 무대에서도 좌우 두 공간의 활동이 쉽게 보인다. 5일장 공간까지 다 조성된 후에는 교각 밑을 밝힐 편안한 야간 조명 계획을 통해, 현재와 같이 야간에는 사람이 돌아다니기 불안한 공간이 아닌 가족들이 산책도 즐길 수 있고 연인들이 데이트를 즐길 수 있는 안전하고 편안한 프롬나드가 조성될 것이다.

이는 장이 서지 않는 시간대에 지역 주민들이 인근 쇼핑센터나 번화가로 나가지 않고도 화도에서 즐거운 생활을 즐기도록 하고, 동시에 경제적인 활성화도 촉진시키기 위함이다. 이것이 화도 광장이 장기적으로 지향하는 방향이며, 커뮤니티 공간의 조성을 지역의 활성화로 연계시키고 그 가치와 의미를 높여나가는 방식이다. 또한, 가능하다면 지역 곳곳에 거주하고 있는 외국인까지 자유롭게 왕래할 수 있는 다양한 창조력 넘치는 공간으로 성장해 나갔으면 하는 바람이다.

예술이 살아 있는 재래시장

공간 디자인의 시작 단계에는 이곳이 소시장으로 유명했었고 마석이라는 이름이 맷돌에서 유래되었기에, 이를 테마로 한 자연 소재의 벤치와 진입부의 시설물에 지역만의 조형성을 살리고자 하였다. 그러나, 계획이 진행되는 과정에서 여러 가지 새로운 움직임들이 나타났다.

지역의 젊은 예술가들이 마석 시장의 프로젝트에 본격적으로 참여하기 시작한 것이다. 물론, 이전부터 워킹그룹의 활동에 적극적으로 참여한 젊은 작가들이 지역 곳곳에서 공공 미술 프로젝트를 부분적으로 전개하고는 있었지만, 한 지역에서 행정과 예술가, 지역 주민이 힘을 합쳐 공간 개선을 시도하는 단계까지는 아니었었다.

지역의 공공 공간에 창조적 인재들의 활동이 가미되면, 도시 재생에 있어서도 몇 가지 긍정적인 측면을 낳는다. 첫째, 도시의 잠재된 예술 역량과 문화 수준을 높여낼 수 있게 된다. 많은 창조 도시를 구현하고 있는 도시들의 공통된 특징은 뛰어난 도시 내부의 예술성을 도시 외부로 표출시켜 도시 전체가 문화 예술을 향유하는 곳으로 만들어 나가고 있다는 점이다.

두 번째로 독창적인 아이디어로 획일적인 공간 디자인을 넘어 차별화된 공간을 구현할 수 있게 된다. 예술가들은 틀에 박힌 방식보다는 작가적 상상력으로 기존과는 다른 시점으로 공간을 바라보기 때문에, 때로는 공공적인 관점이 부족하여 현실적 거리감이 생기기도 하지만 그보다 더 참신한 긍정적 아이디어를 만들 가능성이 높다.

세 번째, 예술 활동의 활성화를 통해 지역의 문화 수준을 높여낼 수 있는 환경을 조성할 수 있다는 점이다. 젊은 예술가들은 경제적으로나 사회 활동 측면에서도 안정적이지 못한 경우가 많다. 공적인 공간에서의 예술 활동 전개는 서로 간의 유대감을 높이면서 지역에서의 다양한 활동 공간을 확보하게 하고, 작업장 안에 갇힌 예술이 도시 공간으로 나오게 하는 효과를 기대할 수 있다. 그와 함께 이러한 활동이 작가들의 작업에 시너지 효과를 부가하여 더욱 수준 높은 활동으로 이어질 가능성도 높아지게 된다. 이것이 외부로 표출되면 지역 사회가 예술 문화를 향유할 기회는 더욱 높아지게 되며, 보이지 않는 힘 속에서 지역의 문화적 성숙도도 높아지게 된다. 우리가 시작에서부터 그 단계까지 생각한 것은 아니었지만, 진행 과정 속에서 우리의 생각의 폭도 넓어지고 동시에 작가들의 참여도는 더욱 높아졌다. 여기에 대학원 디자인 전공 학생들이 조력자로 결합하여 그 논의의 폭도 더욱 활발해지게 되었다.

이렇듯 많은 사람들이 모이고 움직이게 되면, 그 진행의 파동도 더욱 확산되게 된다. 사람이 모이게 되면 충돌도 있고 서로 상처도 주지만, 조율이 잘 되면 그만큼 그 힘은 커지고 측정할 수 없는 가능성의 상승을 동반하게 된다.

획일화를 피한 간판

예술가들과 먼저 접근한 것은 화도 광장 주변에 있는 상점의 간판이었다. 사실 도심 경관 정비를 위해 각지에서 진행된 간판 정비 사업은 들이는 공에 비해 많은 후유증을 유발했기 때문에, 우리는 대로변 이외의 도심 간판은 장기적으로 신중하게 접근하자는 입장이었다.

그 주된 이유로는 다른 시에서 추진하는 많은 구도심 간판 정비 사업의 경우, 성급한 진행과 균일한 디자인, 소재로 인해 획일화된 경관으로 이어지는 사례가 많았고, 주민과의 협의에 따른 마찰로 인한 담당 부서의 피로도 축적이 다른 사업을 추진할 에너지마저 소진시키는 선례를 이미 접해 왔기 때문이었다.

항상 워크숍에는 작가들과 참가자들의 진지한 회의가 진행되었다. 이런 토론이 몇 개월에 걸쳐 수차례 진행되었다.

한편으로, 중심 도로변 이외에 구도심 내부의 간판 사업을 적극적으로 진행하지 않는 또 하나의 이유로는, 현재의 간판 역시 우리 역사와 문화의 일부라는 관점이다. 10여 년 전만 하더라도, 간판은 가게의 수준을 나타내는 얼굴이며 그 크기와 화려함으로 고객을 모으는 중요한 역할을 하였다. 그리고 지금과 같이 고채도의 혼란스런 간판이 사람들로부터 외면을 받고 있기는 하지만, 그 역시 우리 삶의 모습이며 우리 시대를 나타내는 하나의 상징이기도 하다.

모형을 만들어 진행하는 토론회(위). 스케치를 그려 진행하는 아이디어 토론회(아래).

버블 시대에 많은 자본을 가지고 도시 개발과 정비를 추진한 일본의 경우에도, 자본이 없어 원형의 모습이 그대로 남아 있는 곳이 지금은 더 개성적인 도시가 된 사례가 많으며, 이와 유사한 사례는 세계 곳곳에서 어렵지 않게 찾을 수 있다. 전국의 도시 간판들이 획일화되는 상황 속에, 그 원형을 살리며 거리를 정비한다면 후에 과거의 노스텔지어를 간직한 공간으로 각광받을 날이 오지 않는다고 누가 장담할 수 있겠는가. 성급하고 획일적인 새마을 운동식의 디자인 정비는 반듯이 부작용을 초래하게 되어 있다.

작가들의 작업실에서 기본적인 간판 제작이 이루어졌다.

예술가들이 간판 정비에 참여한 유사한 사례는 다른 지역에서도 접할 수 있었지만, 우리는 보다 장기적인 도시 창의성의 측면에서 이에 접근하고자 했던 점에서 다소 차이점이 있었다.

지역의 젊은 작가들과의 모임을 시작했을 당시, 모두는 어색함을 없애고 서로 교감을 나누기까지 적지 않은 시간이 필요했다. 특히, 젊은 예술가들은 일정한 거리감이 좁혀지기 전까지 자신의 속내를 드러내는 경우가 몇몇을 제외하고는 거의 드물었다. 디자인과에서 열린 첫번째 모임에서는 지역 경관의 과제와 이번 공간 개선 및 간판 사업의 의의, 향후의 방향을 소개한 뒤 뒤풀이 자리에서 서로를 알아가는 시간을 가지며 정리되었다.

두 번째 워크숍부터 지역 상인회 대표와 학생, 작가들의 본격적인 토론과 작업이 시작되었다. 작가들의 경우, 뛰어난 예술적 아이디어와 표현 능력은 있지만 공공의 역할과 장소의 특성 파악에는 어려움을 겪는 경우가 많다. 이에 나와 함께 외부 전문가를 초빙하여 기본적인 교육을 하고, 준비해 온 아이디어에 대한 토론회를 시작하게 되었다. 이런 과정을 통해 작가들도 화도의 공간을 어느 정도 이해하게 되었고, 행정과 상인회와의 관계도 돈독해질 수 있었다.

그러나 여전히 난관은 많았다. 특히 작업을 추진하기 위한 예산 확보의 어려움이 컸는데, 작가들의 경우에도 거의 봉사활동 수준의 재료비만 받고 참여할 수밖에 없는 상황이었다. 또한, 지역 상인들은 대다수가 적극적으로 동참해 주었지만,

일부 반대하는 사람들과의 마찰도 불가피한 일이었다.

우선 작가들은 한 상점당 서너 명씩 조를 이루어 각 상점주와 디자인 방향과 내용을 조정해야 했다. 그러나 협의 초반에는 대부분 장사에 방해가 되니 나가달라는 식이었으며, 어떤 점포는 아예 대화 자체를 거부하는 경우도 많았다. 작가들은 그러한 일종의 영업(?)식 설득 작업에 익숙하지 않은 경우가 대부분이라 얼굴을 붉히고 돌아서는 경우도 많았다고 한다. 시간이 더욱 필요했다.

그렇게 5차 워크숍이 열릴 때는 어느 정도 디자인안도 정리되었고, 건물주와 상인들과의 조율도 어느 정도 이루어졌다. 정리된 디자인안으로 기본적인 조형물은 작가들이 제작하고, 간판과 관련된 기술적인 부분은 지역의 옥외광고물협회의 협조를 얻어 제작에 들어갔다. 또한, 건축물 외관을 시공하는 전문 업체에서도 각 건축물과 옥외 광고물에 적합한 외벽 정비 작업에 들어갔다.

예술가들의 작품이기도 한 간판의 개선 전과 후.

작가들은 거의 재료비 정도의 예산을 가지고 수시로 상점주와 협의하고 아이디어를 내었다. 여름 내내 간판에 들어갈 기름 모양의 병을 만들거나 머리를 땋은 여성의 부조를 만들고, 옷걸이와 가위를 직접 제작하는 등 간판이란 틀 안에 들어갈 작품 하나하나를 다듬었다.

사업을 진행하면서 예산은 부족한 반면, 할 일은 많고 협의는 늘 힘들었다. 그래서 간판 정비 사업은 다른 지자체에서도 다들 기피하며, 오랜 시간 공을 들이고도 실제 효과는 거의 희미하다. 1년을 넘게 준비하고 겨울부터 협의와 토론의 시간을 계속 가져왔지만, 여름이 저물어갈 때까지도 그 결과가 어떻게 나올지 막연한 상황이었다. 그래도 중간중간 작가들이 보여준 정열과 화도랑 문화연구회의 적극적인 노력은 지루하고 힘든 시간을 버티게 해 준 버팀목이었다. 도시디자인팀의 담당자들은 이틀이 멀다 하고 수시로 현장으로 나가 협의와 토론을 하고, 돌아와서도 작가, 주민들과 연락을 수시로 주고 받았다.

이러한 개선의 수준이 그들이 주고 받은 이야기의 횟수만큼이나 높았던 것은 어떻게 보면 너무나 당연한 것이었다. 그 결과, 지금은 마석 시장의 교차로에 위치한 건축물들은 건물과 외부 간판이 일체화된 하나의 작품으로 바뀌었다. 그 중에는 나뭇잎 모양의 간판들이 건물 전체를 덮고 있기도 하고, 기존 간판의 크기를 줄이고 개성적인 형태로 정리한 것도 있다. 그 하나마다 작가와 상인의 토론과 작가들의 땀내음이 배여 있어서 그런지 우리에게는 그 의미가 남다르다. 자세히 들여다보면 그들의 아이디어와 손길에 감동받게 된다. 만일 새로운 간판의 가능성을 모색했던 6개월 이상의 토론과 많은 사람들이 참여한 과정 없이, 간판 제작사에 모든 것을 맡기고 제작비만 지급했다면 지금과 같은 감동은 맛볼 수 없었을 것이다.

교각 밑의 문화 예술품

또 하나의 예술 프로젝트가 교차로를 가로지르는 고가도로 밑 교각 기둥에서 이루어지고 있었다. 화도 광장의 가장 중심에 위치한 교각 밑에 세운 기둥 처리는

교각 밑 옷칠 벽화를 위한 주민 워크숍에서 어린이와 주민들이 손수 옷칠화를 제작하고 있다. 이를 건조하여 교각 기둥에 부착하였다.

이 공간의 상징화를 위해서 가장 중요한 과제였다.

보통 이런 경우 벽화를 그리거나 타일로 지역의 상징적인 이미지를 붙이는 방식이 일반적이었으나, 우리는 보다 특별한 방법을 찾고자 했다. 대학원생의 몇 차례 수업 과정 속에서 워크숍을 열고, 주민의 다양한 의견을 듣기도 했으나 만족할만한 수준의 아이디어는 나오지 않았다. 그런 와중에 평소 남양주시의 많은 디자인 사업에 참여해 온 공공 미술 전문가의 조언을 통해, 마석우리의 이야기를 테마로 하여 기둥에 옻칠을 해 보자는 아이디어가 나왔다.

옻칠 벽화로 장식된 교각의 기둥. 상부에는 지역 주민의 다양한 소망이 적혀 있다.

마석우리 장날 축제에
맞추어 탈 것을 테마로
작가들이 제작한
개성 있는 벤치.

이러한 외부 공간의 디자인은 시각적인 효과 외에도 매연과 오염으로부터 오랜 시간을 버틸 수 있는 내구성이 필요하며, 특히 옻칠의 경우 외부 오염으로부터의 내구성이 검증되지 않은 우려가 있었다. 기술적인 부분이 검증되고 예산이 확보된 후에야 옻칠화 제작을 본격적으로 추진하게 되었다. 교각 기둥에 옻칠을 한다는 점에 대한 부정적인 시각과 예산 문제의 어려움이 있었으나, 장소의 중요성을 감안한 행정 부서의 적극적인 노력으로 인해 지역 주민들의 동의를 얻어낼 수 있었다. 또한, 전문가들만의 작업으로 만들기보다는 지역 주민의 삶의 이야기를 담아보자는 취지에서 옻칠 체험 워크숍도 개최하게 되었고, 이 자리에서 만들어진 모든 이야기들은 건조된 뒤에 교각 상부를 장식하게 되었다.

이렇게 만들어진 화도 광장은 작은 공간 어느 하나 사람들의 손길과 토론을 거치지 않은 것이 없었으며, 이것은 다른 곳에서는 볼 수 없던 새로운 결과로 이어졌다. 심지어 광장 내의 벤치까지도 화도의 탈 것을 테마로 하여 작가들에게 공모하고 선정하여 제작되었으며, 주민 투표와 토론회를 거쳐 최종 다섯 점을 선정해 광장에 배치하였다. 그 중에서는 호박 모양을 한 것도 있고, 마석의 소시장을 형상화한 소수레 벤치도 있었다. 평가회에서 나온 기술적인 보완 과정이 있기는 했지만, 그들의 섬세한 예술 능력과 기발한 아이디어가 공간의 즐거움을 더욱 배가시켰다. 지금도 그 벤치에는 많은 아이들이 다른 곳에서 볼 수 없는 천진난만한 표정으로 이 공간을 즐기고 있다.

마석 장날 축제

9월 26일은 추석 전 마지막 장이 서는 날이었다. 화창한 초가을의 토요일이었다. 특히 이날에 맞추어 화도 광장 개장을 기념하기 위해 축제를 준비한 화도랑 문화연구회에게는 더할 나위 없는 멋진 날씨였다. 그래서인지 예상을 넘는 많은 지역 주민들과 주변 관계자들이 마석 시장을 찾았다. 먹을 것과 지역의 농수산물이 들어서고, 다른 장날의 축제처럼 다양한 볼거리가 마련되었다. 그러나 이날은 무엇보다 지역 주민들을 위해 새롭게 조성된 이 광장의 다양한 가능성을 확인할 수 있다는 기대감이 더 컸으며, 이 공간에서 이루어지는 다양한 활동을 점검할 기회이기도 했다. 이렇게 2년 이상 준비해왔던 화도 광장이 드디어 문을 열게 된 것이다.

도시 계획 도로가 나면서 생긴 삼각형 공간과 철교 밑에 남겨진 공간을 어떻게 이용하는 것이 더 효과적일까라는 고민에서 시작된 화도 광장 계획이 다양한 사람들의 참여와 토론을 통해 지금의 모습으로 바뀌게 된 것이다.

이제 마석우리 한가운데에 버티고 있는 딱딱한 교각 밑에는, 다정한 옻칠 벽화, 삼각형의 광장을 가득 메운 자전거와 소수레, 열차와 마차 형상의 벤치, 삭막한 도심 공간을 가로지르는 가로수, 시장 상가의 개성적인 예술 간판, 화도 사람들의 마당이자 다양한 행사 공간이 된 무대 등, 이전에 볼 수 없었던 새로운 풍경들이 생겨났다.

돌이켜보면 마석 시장은 화도 지역만이 아닌, 남양주시 전체에 있어서도 지역의 역사와 문화를 간직한 소중한 곳이다.

마석우리 장날 축제.
추석 전에 신명나는 광장 개장 한마당이 벌어졌다.

남양주의 원류가 되는 상거래의 거점이기도 하며, 교통의 요지이자 사람들의 만남의 중심이기도 한, 지역에 신바람을 일으키던 곳이었다. 그러나 5일마다 활기가 넘치고 오래된 참기름집과 맛집이 넘치던 정겨운 이곳도 도시화의 발달 과정에서 다른 곳과 별다를 것 없는 어수선하고 불편한 시골 시장 동네가 되어버렸다. 우리가 모르는 사이에 도시화의 물결은 편리함이란 유혹으로 동네 곳곳을 잠식해나갔고, 어느덧 화도는 사람들로부터 조금씩 소외받는 공간이 되어버렸던 것이다.

11월 초에 열린 주민 잔치. 이곳에서는 항상 화합의 무대가 열린다.

이번 광장 계획은 우리가 잊고 있었던 화도 본연의 모습을 되찾고자 하는 의도로부터 시작되었다. 그리고 그 목표는 새롭게 들어설 5일장을 늘 활기 넘치던 이전의 모습으로 되돌리고 사시사철 만남과 휴식이 어우러지는 지역의 중심 공간으로 키워내는 데 있었다.

그렇기에 새로운 신도시와 아파트 단지가 들어서는 상황 속에서도 남양주의 대표적 5일장이자 지역의 역사와 문화를 간직해온 화도의 다양한 이야기와 잠재력 발견에 더 많은 공을 들일 수밖에 없었다. 그러한 진행 과정 속에서 우리는 처음 의도한 바와는 달리 많은 사람들과의 만남을 체험하게 되었고, 공간의 디자인에 대한 의의도 새롭게 만들게 되었다. 특히, 주민과 지역 예술가의 참여로 진행한 간판 정비와 시설물 계획, 시장 중심의 녹지 계획은 복잡한 구도심에 쾌적함과 활기를 동시에 가져오게 하였다고 생각된다. 이는 다른 곳에서는 볼 수 없는 독특한 시도였다고 할 수 있다.

힘들었던 준비 과정에서부터 화도랑 문화연구회를 비롯한 화도 주민들과의 답사와 토론, 주민들의 무언의 협력은 이 계획과정에 든든한 힘을 실어주었고, 향후 지속적인 발전과 관리를 위한 원동력이 되었다. 화도 광장에서 마석우리 축제가 벌어졌을 때, 아마 이 공간을 만들기 위해 땀흘린 많은 사람들의 가슴에는 더 큰 감동이 있었으리라고 생각한다.

화도 광장의 재생은 지금부터가 시작이며, 우리는 교각 밑에서 새로운 마석 시장과 화도 사람들의 거점을 만들어나가야 하는 과제를 안고 있다. 여전히 그 방향을 어떻게 진행해야 할 것인가에 대해서는 막연한 실정이다. 그러나 지금까지의 진행 과정 속에 참여한 많은 사람들이 이 공간에서 살아가고 있는 한 이전과 같이 공간 이미지가 쉽게 허물어지지 않을 것이라는 것 하나만은 분명하다.

행정 조직의 지속성

화도의 사업에 지역 주민과 예술가, 전문가 등의 다양한 주체가 참여할 수 있었던 배경에는 3년이 넘는 시간 동안 지속적인 디자인 사업이 가능하도록 한 행정 내부의 지속성이 큰 힘으로 작용했다.

행정 담당자는 순환 보직이라는 행정 조직의 특성상 한 부서의 업무를 2년 이상 담당하기 힘들며, 지방 자치 단체장 선거 이후의 보직 순환도 거의 일반적이었다. 하지만 남양주시의 도시디자인팀은 단체장의 배려로 장기적으로 업무를 추진할 수 있었다. 디자인팀 담당자들의 지역 주민이나 작가들과의 지속적인 협의도 가능할 수 있었다. 지금도 분명한 것은, 그러한 힘이 화도 광장의 조성이라는 작은 성과를 만든 기반이 되었다는 것이다. 그만큼 지역의 도시 디자인 사업에서는 지속적인 대화와 협의를 통해 지역의 리더를 지원하고 창의적인 예술성이 구현되도록 할 지속적인 행정 시스템의 확보는 중요한 과제다.

다른 지자체에 대한 디자인 자문을 하면서, 순환 보직으로 인해 협의와 업무의 지속성이 떨어지는 곳을 자주 접할 수 있었다. 또한 이는 반듯이 행정 조직과 지역 주민과의 연결 고리가 끊어지는 더 큰 문제로 이어졌다. 누구나 그렇듯이 오랫동안 대화해오던 사람이 더 편하기 때문에, 행정 담당자가 바뀌어 주민들이 연락망을 읽게 되면 어색하고 이해가 부족한 담당자에게 자신의 이야기를 털어놓는 주민은 드물기 때문이다. 행정의 절차보다 더 밀접한 서로 간의 관계로 불필요한 동작을 없애는 것은 그래서 더 중요하다. 따라서 행정 내부에서 도시 디자인 부서가 지속적으로 업무를 추진할 수 있도록 정책적인 배려가 보다 요구되며, 도시 디자인의 정비에 있어서도 다른 부서의 협력과 지원을 받을 수 있는 횡적 체계의 구축은 중요한 과제라고 생각된다.

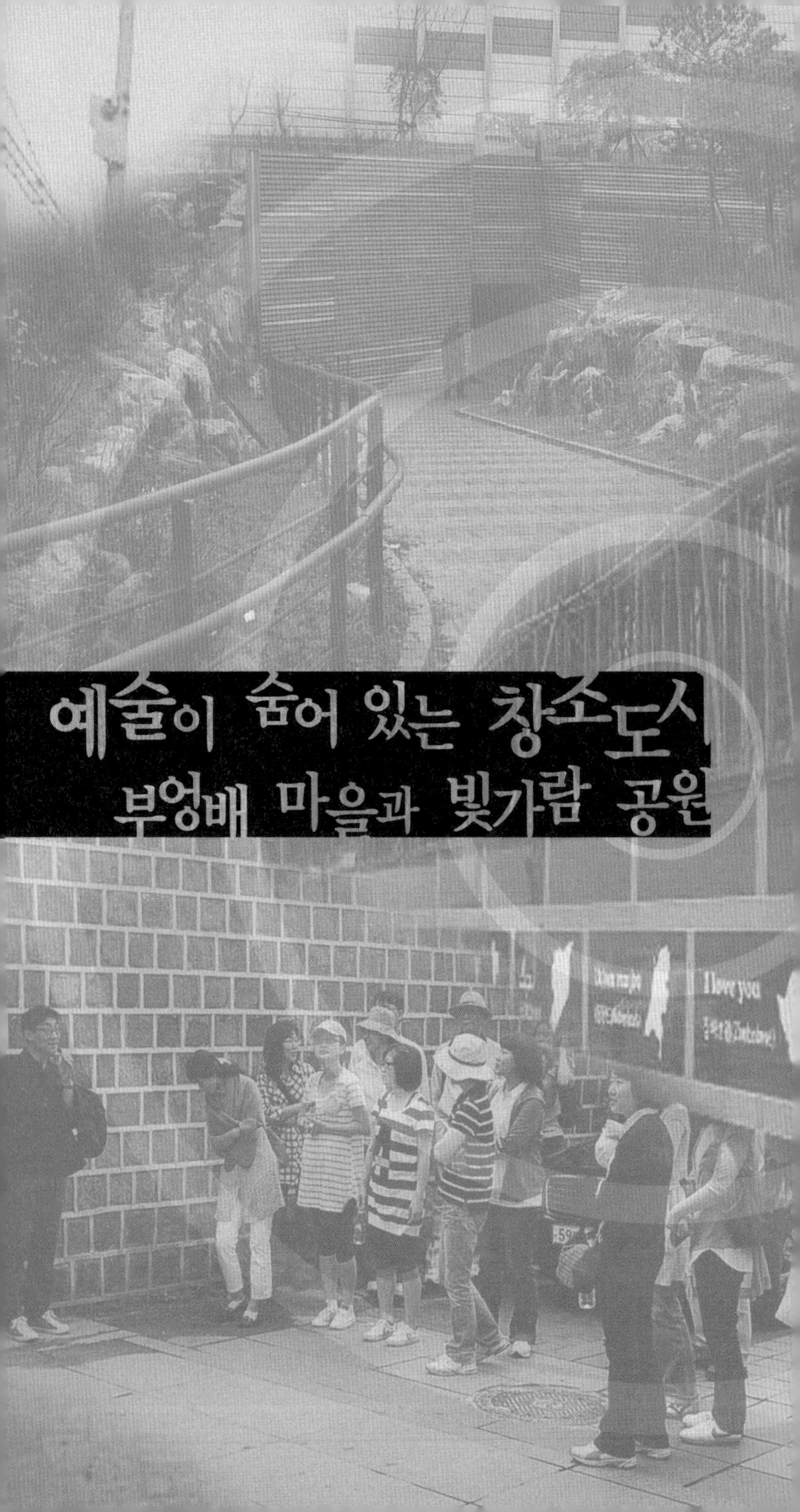

예술이 숨어 있는 창조도시
부엉배 마을과 빛가람 공원

우리를 위한, 우리에게 적합한
디자인 방식을 찾는다

남양주시와 같이 중심부에 대규모 상업 지구가 형성되어 있지 않고 마을들이 분산되어 있는 다핵 도시에서는, 압도적인 스케일감으로 상징성이 형성되는 그랜드 디자인의 실현은 매우 어렵다. 따라서 휴먼스케일

금남2리 빛가람 공원. 지역 주민의 마을 만들기와 지역 청년 작가들의 작품이 버려진 교각 하부 공간을 거대한 직선 구조의 예술 휴식 공간으로 탈바꿈시켰다.

의 생활미를 살린 독자적인 공간 구축의 모듈이 더 적합한 경우가 많다. 모듈은 인간의 신체 척도이기도 하지만, 인간들이 만들어낸 구조의 '공간 척도'가 되기도 한다.

대도시 서울 주변의 많은 위성 도시가 베드타운Bedroom town 으로 전락할 위험성이 높은 것은 주지한 사실이다. 서울 인구의 분산과 주거용 아파트의 보급을 위한 대규모 단지의 조성은 인구의 분산과 이입을 가중시키고, 지방 도시는 자신들의 정체성에 혼란을 느낄 수밖에 없다. 동시에 부동산 투기의 위험에 노출될 가능성이 커지고, 아파트 단지와 기존 주거지와의 생활환경이 나뉘게 되면 기존의 거주지 특성이 독자적으로 생존하기는 거의 어려워진다.

요코하마 시가 40년 전 독자적인 도시 디자인 정책을 실시한 것도 도쿄를 닮기 위해서가 아닌, 도쿄의 베드타운으로 전락한 요코하마 시의 도시 정체성을 찾기 위해 시작되었다는 점은 우리에게 시사하는 바가 크다. 대도시 서울은 재정도 풍부하고, 인구와 문화·상업적인 여건이 경기도를 비롯한 주변 도시에 비해 월등히 뛰어나다. 주변 도시가 서울의 높은 물가를 견디기 힘들어서 떠나온 사람들이 모여 사는 곳으로 전락하지 않기 위해서는 서울을 닮아가려 해서도 안 되고, 지나치게 서울과 다른 것을 찾으려고 해서도 안 된다. 결국, 자신들이 가진 본연의 모습과 삶의 방식을 찾아나가는 속에 독자적인 도시 문화를 만들어야 하며, 그러한 지향을 시각적으로 나타내는 표현 방식이 도시의 디자인임은 두말할 나위가 없다.

원칙1 - 약점을 줄이고 강점을 부각한다

우리가 가진 장점은 무엇이고, 우리가 가진 약점은 무엇인가. 풍부한 자연 유산과 쾌적한 주거 환경, 커뮤니티의 친숙함은 복잡한 대도시에 비해 장점이 될 수 있다. 하지만, 커뮤니티의 결속력이 약해지거나 지역의 경제적 활기가 저하되고, 인구의 유출입이 많아져 도시의 정체성에 혼란이 오면 쉽게 도시미美의 균형을 잃을 약점도 있었다. 따라서 우리가 찾아나가야 하는 도시의 이미지는 기존 도시의 휴먼스케일과 자연과의 조화, 커뮤니티의 친밀감을 높일 수 있는 방향에서 접근해야 했다. 또한, 대도시에 비해 지역에 거주하는 젊은 예술가들의 비율이 높은 것은 창조적인 활동의 전개를 위한 좋은 조건이 된다. 이것이 우리가 도시 디자인 사업에서 예술가들의 활동을 적극적으로 반영하는 이유다.

도시의 디자인은 일정한 이미지가 형성되기 전까지는 지속적인 관심과 관리, 전체적인 시스템 구축을 위한 참여 주체의 다양한 학습과 경험이 필요하다. 또한, 사람들 속에 그러한 일정한 디자인의 표현 방식이 몸에 베이기 전까지의 많은 시행착오는 필수적인 과정이다. 일정한 행태가 습관이 되고 그러한 디자인 표현 양식과 의식이 구축되면 그 추진력에 가속도가 붙게 된다. 그렇기 때문에 일단 짧은 호흡을 가다듬는 활동을 통해 지역의 이미지를 형성시키고, 그것을 확대해 나가는 과정 속에서 조금씩 개별 디자인 코드를 구체화해 나가는 것이다. 이것은 대도시의 중심부에서는 섣불리 시도할 수 없는 내용들이다. 주거와 업무가 완전히 구분된 경우가 많고, 커뮤니티의 긴밀한 관계보다도 주거의 편리함과 경제적 공동체의 한시적 커뮤니티 성격이 강하기 때문이다.

원칙2 - 권리와 의무를 분배한다

도시를 디자인함에 있어 참여의 중요성은 아무리 강조해도 지나치지 않다. 참여는 이방인과 거주민 간의 관계와 같은 소외감에서, 서로 같이 공유해 나간다는 책임감과 의무감을 통해 동질감을 가지게 한다.

많은 옥외 광고물 정비의 사례에서 볼 수 있듯이, 행정에서 100%의 경비를 들여 간판을 교체하는 사업의 대다수는 시간의 흐름에 따라 점포주도 바뀌면서 자연스럽게 간판의 디자인 규칙이 흐트러지기 쉽다. 공짜로 받은 것은 공짜처럼 가지고 있다가 그냥 두고 가버리면 그만인 것이다. 즉, '자기 것'이 아닌 것이며, 단지 '받은 것'이 된다. 당연히 주인 의식이 생길리 만무하다. 그러나 참여를 통해 과정을 공유하게 되면, 형식적인 참여라도 진행 과정 속에 동질감이 생기게 되고 책임과 역할에 대한 의식이 생겨난다. 자신이 할 일이 생기는 것이다.

주민이 행정이 주관하는 모임에 와서 대화를 나누기 힘들어 하는 것은 지식이 없다거나, 현지의 상황을 몰라서가 아니다. 그냥 분위기에 눌려서 내지는 그들과 우리는 다르다고 생각하기 때문이다. 심지어는 '말해도 어차피'라는 분위기가 팽배하기 때문인 경우가 많다. 결국, '행정과 우리는 다르다'라고 생각하는 사고가 깊은 곳까지 뿌리내려 있거나, 주민 간의 커뮤니티 붕괴, 패배감으로 활기가 저하되어 있을 때, 주민 참여는 거의 기대하기 힘들게 된다. 이것이 많은 대도시 주변 지역이 처한 실제 현실이다. 이러한 상황을 극복하기 위해서는 최대한 지역 사람들의 현실을 이해하고, 그들에게 맞는 사업의 규모와 방향, 기간 등을 설정하여 체계적으로 접근해야 한다. 무리하게 결과를 도출하기 위해 '강요'라는 모습으로 다가가면 분명히 '협업'은 어렵게 된다. 그리고 리더를 중심으로 구체적인 개선 방향을 제시하고, 다양한 방식으로 지역의 활기를 높이기 위한 대안을 제시할 필요가 있으며, 각자에게 자신이 할 수 있는 역할을 분배해야 한다. 그리고 책임감이 높아지면, 다음 단계의 방향을 같이 설정하고 나갈 수 있다.

원칙3 – 스스로에게 길을 찾는다

국내외 선진 사례의 답사는 디자인 사업의 진행에 매우 유용한 정보를 얻게 하며, 그들의 경험을 통해 시행착오를 줄이고 스스로에게 적합한 진행 방법을 구상하는 데 도움을 준다. 그러나 분명한 것은 그것은 그들의 경험이고, 결과일 뿐이다. 우리 문제에 대해서 많은 사람들이 조언을 하고 평가를 내리지만, 우리 문제는 우리 스스로가 해결해야 한다.

이전에 두바이의 대담한 도시 개발과 투자가 세계적인 주목을 끌었고, 국내외의 많은 행정과 전문가들이 두바이를 21세기의 대표적 도시 지표로 삼고 답사를 다니기 시작했다. 그러나 거품이 꺼지고 문제점들이 속속들이 드러나자 그들의 관심은 또 다른 곳으로 이동하게 되었다. 결국, 그들이 가서 본 것은 두바이가 만든 신기루였다고 할 수 있다.

요코하마 시가 도시 디자인실의 설치와 개성적인 도시 정비로 유명해지자, 한 달에 10곳 넘는 한국의 단체들이 요코하마 시를 방문하여 교육을 받은 적이 있으며, 지금도 그러한 현상은 지속되고 있다. 심지어 디자인과 책임 담당자의 주 업무 대부분을 한국 전문가와 행정 담당자 교육이 차지했다는 아이러니한 이야기도 들었다. 그러나 그들이 보고 온 많은 내용들은 요코하마 시가 40년에 걸쳐 만들어낸 도시 경관의 구축 프로세스와 시스템보다는 간판과 가로 디자인, 조형물과 건축 등의 외적인 사업의 결과물에 대한 것이 대다수였다고 한다. 가끔, 우리나라만큼 벤치마킹과 선진 사례, 랜드마크를 좋아하는 곳도 드물다는 생각을 자주 하게 된다.

그렇다면 과연 우리 스스로는 어떤 모습을 하고 있으며, 우리에게 맞는 것은 무엇이고 우리의 자신감과 긍지는 무엇이고, 우리는 어떤 방식으로 우리 자신의 환경과 문화를 만들어나가야 할 것인가. 자신들이 안다고 생각하던 자신의 도시에 대해 정말 객관적으로 잘 알고 있다고 할 수 있는가. 결국, 그 도시에서 살아갈 사람이 우리라면, 우리에게 맞는 도시에서의 삶의 방식과 디자인은 우리 스스로 찾아야 하고, 그러한 '우리'를 많이 늘여가는 것이 중요하지 않겠는가.

예술가들이 발견되다

부엉배 마을의 마을 미술 프로젝트 사업이 본격적으로 진행되기 이전부터, 조직적이지는 않았으나 지역 곳곳의 작은 공간에서 작가들의 공공 미술 활동은 지속되어 왔었다. 또한, 도시 디자인과 내부에서는 지역 예술가들의 작업 환경을 개선하기 위해 오래 전부터 다방면으로 대안을 찾고 있었으며, 예술가들의 활기를 도시 속에 살리기 위한 다양한 토론을 해오고 있었다.

남양주시와 같이 예술가들이 지역 곳곳에서 작업장을 가지고 작품 활동을 하고 있다면, 그들이 시 외부에서 작품을 발표하고 활동하는 것보다는 지역에서의 활동 폭을 넓히는 것이 지역에도 도움이 된다. 도시 디자인 워킹그룹 내부에 중견 작가와 청년 작가들이 다수 있었던 것도 예술에 대한 우리의 이해를 높이는 데 적지 않은 도움을 주었다.

부엉배 마을은 남양주시 북한강 유역의 조안면 삼봉리의 작

청년 조각가들과의 워크숍 장면.

은 시골 마을로서, 산자락에 수리부엉이가 살아 부엉배 마을로 불리게 되었다. 23세대 100여 명 정도의 인구 중에, 반 이상이 60대 이상으로 나이든 사람이 많고 젊은 사람은 도시로 떠나간 전형적인 시골 마을이다. 45번 국지도에서 좁은 길을 따라 굽이굽이 올라가야 집들이 옹기종기 모인 마을이 나오며, 이전에는 그 길을 따라 카페와 상점의 간판이나 쓰레기들이 여기 저기 버려져 있었다. 단 하나, 이 마을에는 지역을 아끼고 관심이 많은 의욕 넘치는 젊은 청년 작가들이 있었다는 점에서 다른 마을과 차이점이 있었다. 부분적으로 시의 디자인 활동에 참가하던 그들이 부엉배에 모여 있었다는 점만으로도 고령화된 마을에 잠재적인 가능성이 생기게 된 것이다. 화도의 부엉배에 거주하고 있던 청년 작가들이 주도한 부엉배 마을의 공공 미술 프로젝트 역시, 단순히 미술품을 마을에 설치하는 개념보다는 지역의 공간을 개성적으로 개선하고 예술로 활기를 불어 넣는 성격이 강하였다.

이들을 중심으로 2009년부터 부엉배 마을의 개선에 대해 논의하던 중에 지역 작가와 주민이 중심이 된 아트 프로젝트에 관한 의견이 나왔다. 일반적으로 공공 미술 프로젝트라고 하면 공간에 조각이나 조형물을 설치하는 것이 일반적이나, 부엉배 마을에서는 마을에 어울리는 생활 환경의 조성을 디자인 방향으로 삼고 마을 곳곳의 풍경의 문제점을 개선해 나가기로 했다. 기존의 마을 곳곳에는 마을 윗자락에 있는 카페와 상점을 알리는 고채도의 간판들이 마을 진입부부터 세워져 있었고, 들쑥날쑥한 시골길은 편하게 걸을 수 있는 환경은 아니었다. 시골길에 대한 책임감이 없으니 누구 하나 산동네의 시골길을 관리해야 한다고 생각지도 않았던 것이다.

능내리도 그렇지만, 이런 평범한 산골 마을은 도심에 비해 생활의 활기가 저하된 경우가 많다. 게다가 이곳은 군사 보호구역이나 개발 제한 구역 등, 각종 규제로 인해 확장과 발전의 가능성이 매우 희박한 곳이기도 했다. 따라서 농업 또는 예술가의 작업실과 같은 자연을 벗삼은 생활을 향유하기에 적합한 곳이었으며, 이러한 전원 풍경을 찾아오는 사람들을 대상으로 한 상업 시설이 간간이 들어서 있는 정도였다.

부엉배 마을 진입로. 간판과 쓰레기가 넘치던 이곳은 지역 주민들이 정비하여 지금은 정겨운 돌담이 쌓이고 작은 그림들이 그려진 곳이 되었다.

우선 주민들과 작가 20여 명이 중심이 되어, 반상회를 조직하고 가로의 청소와 환경을 정비하는 것부터 시작했다. 마을 만들기는 행정, 전문가, 주민 등 모든 이들의 협업이 중요하며, 사적인 공간에 대한 디자인 개선은 주민의 참여가 없이는 불가능하다. 산골 마을의 환경을 개선하자는 이야기는 어르신들과 젊은 작가들을 자극했고, 작가들은 마을 주민들과 오래도록 협의하여 이 마을의 이름을 부엉배 마을로 정하고 2008년 들어 본격적인 활동을 시작하게 되었다.

세계적으로 높아만 가는 대도시로의 인구 집중률은 우리만의 독특한 현상은 아니며, 외곽 도시들은 수도권으로의 인구 유출이 점점 가속화되어 인구의 노령화가 높아지고 있다. 이에 따라 생활의 활기도 저하되고 있는 것이 지금의 시골이라고 부르는 전원 마을의 일반적인 풍경이 되었다.

그나마 남양주시는 서울에서 가까운 지리적 조건과 북한강 유역에 자리 잡고 있어 많은 사람들이 찾기 쉽고, 출퇴근도 가능하여 신택지 지구를 중심으로 젊은 사람들의 유입이 높아지고 있다. 반면, 전원 마을에 거주하는 사람들의 대다수는 젊은 작가들과 귀농인, 노령의 기존 정착민이며, 20~40대의 중간 연령층의 인구가 부족한 기형적인 인구 구조를 하고 있다.

이러한 곳에서는 자신의 공간만을 지키기에도 힘에 부쳐 도시 환경을 개선하고자 하는 의지가 매우 약하여, 공공의 공간을 어떻게 정비한다는 것은 거의 힘든 상황이다. 주변에서 유입된 상업 시설과 공장 등은 이러한 공간의 정체성을 더욱 혼란스럽게 하고, 그로 인해 서서히 마을 본연의 모습을 잃어가게 된다. 그나마 부엉배 마을은 각종 개발 규제로 인해 그 모습이 유지되어 왔지만, 그 외에는 다른 전원 마을과 별 차이점이 없었다. 그런 점에서 젊은 작가들이 모여 있다는 것은 어떻게 보면 그 자체만으로도 창조적인 활동이 준비된 것과 마찬가지였다고 생각된다.

작가들이 제작한 부엉배 마을 사람들의 얼굴을 마을 모퉁이에 전시하였다.
이들이 이 마을을 만든 사람들이다.

화려하지 않은, 찾아가는 즐거움

작가들과 마을 주민들은 마을을 깨끗이 하는 것부터 시작하여 부엉배 마을에서의 예술 작품의 방향에 대해 이야기를 진행하게 되었고, 작가들도 나름대로 마을에 어울리는 작품을 구상하게 되었다. 또한 도시디자인과와 진행 방향에 대한 검토를 더해 마을 곳곳에 마을 주민들이 쉴 수 있는 아트 벤치를 만들고 화려하지 않은, 그러나 매력적인 예술 공간을 만들어내는 방향으로 합의를 이루게 되었다.

곳곳에 들꽃이 그려져 있어 찾아보고 발견하는 즐거움을 전해준다.

어느 도시에나 그 도시에 어울리는 이미지가 있다. 북한강변의 산자락에 위치한 부엉배 마을에 화려하고 인공적인 가식은 어울리지 않는다. 배경인 산자락의 곡선과 논밭 사이로 펼쳐진 돌담이 자연스럽게 놓여 있는 곳에 직선적인 형태와 화려한 색채는 공간의 흐름에 어긋나기 때문일 것이다. 그러나 이러한 방향의 결정이 누군가의 독선적인 힘에 의해 정해지게 되면 전체 주민들의 자율적인 참여가 저하되고 지속적인 지역 이미지로 성장하기 어렵다. 당장 몇몇 사람의 눈에 보이는 성과가 될 수는 있으나 지역의 삶으로 이어질 수 없는 부자연스러

운 태생의 문제점을 안고 있는 것이다.

부엉배 마을에서는 이러한 논의와 협의의 과정을 거쳐 디자인 방향이 결정되었고, 그 후, 마을 입구에서부터 이귀까지 돌을 쌓아두고 그 돌 사이사이에 작은 들꽃들이 그려졌다. 무심코 보면 그냥 들꽃으로 보이기도 하며, 너무 좁은 곳에 숨어 있어 쉽사리 보이지 않는 꽃들도 있다. 작가들과 지역 주민들은 화려함보다는 찾아다니며 볼 수 있는 즐거움을 길거리 곳곳에 숨겨 두는 재치를 발휘했다.

찾아가는 즐거움이란, 당장 느껴지지는 않지만 볼수록 공간

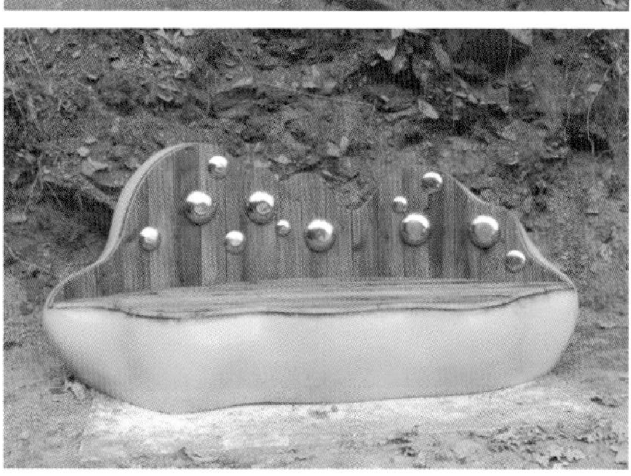

재미있는 상상의
아트 벤치들.

의 매력이 발견되는 즐거움이다. 이는 눈에 당장 드러나는 화려함이 주는 순간적인 흥분보다 그 파장은 짧으나, 보면 볼수록 감칠맛이 나는 진득함이자 신선함이다. 자주 보았던 곳에 새로운 풍경이 서고, 몰랐던 작은 돌 사이의 작은 들꽃을 보며 이것이 실제 꽃인지 그림인지에 대한 궁금증과 흥미를 가지게 된다. 작은 틈에서 발견되는 일상의 즐거움이 공간의 걷는 즐거움을 더해준다. 이것이 삶의 즐거움이 되고 예술은 작은 시골 마을의 일상 풍경이 되는 것이다. 억지스럽지 않아서 좋은 것이다.

'~다움'이란 예상치 않은 일상의 작은 빈틈에서 발견되는 동전의 양면과 같다. 그러한 이미지에 순간이 더해져 공간의 의미는 달라지며 새로운 개입이 일어난다. 찾아다니는 즐거움과 더해가는 마을의 모습이 이 공간에 새로운 가치를 부여하게 되는 것이다. 우리는 이것을 '익숙한 낯섦'이라 부른다.

또한, 마을 곳곳의 빈 공간에 세워진 아트 벤치도 신선하다. 아름다운 풍경을 배경으로 작가 개개인의 상상력을 바탕으로 한 공간 해석이 돋보인다. 상상력은 무형의 확장된 포용력이다. 새로운 것을 또 만들고, 그 공간에서 새로운 무엇인가를 해석

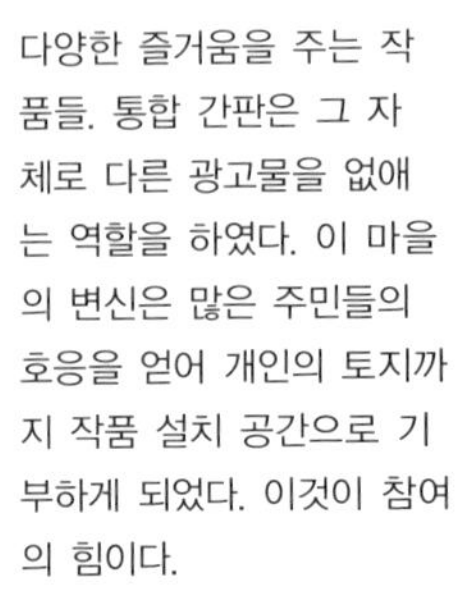
다양한 즐거움을 주는 작품들. 통합 간판은 그 자체로 다른 광고물을 없애는 역할을 하였다. 이 마을의 변신은 많은 주민들의 호응을 얻어 개인의 토지까지 작품 설치 공간으로 기부하게 되었다. 이것이 참여의 힘이다.

하게 하는 유연하고 정의되지 않는 물방울과 같다.

나뭇잎과 완두콩 모양을 한 작은 벤치도 있으며, 소파를 닮은 벤치, 앵두 모양의 벤치, 왕과 여왕의 의자, 나는 새를 표현한 벤치도 있다. 6명의 작가가 가진 독특한 개성이 살아 있어 자칫 자연 공간과의 부조화가 우려되었으나, 자연 공간의 작은 액센트가 되어 시골길을 걷는 즐거움을 더해 준다. 돌아다니며 쉴 수 있는 공간이 있어 이곳을 걷는 사람들에게 만남의 공간을 제공하기도 하고 잠시 쉬며 주변 풍경을 돌아보게 하는 전망대가 되기도 한다. 벤치가 놓여지는 공간의 많은 부분은 사

주민이 손수 만든 계시판과 주민의 기부와 관리로 정비된 마을길.

유지였으나, 주민들은 흔쾌히 자신들의 땅을 내주었다.

또한, 마을 입구의 부엉이 형상의 조형물과 각양각색의 간판을 하나로 통합하여 차분한 분위기를 자아내는 안내 사인도 독특하다. 허술해 보이는 형태지만 이것을 만들기 위해 수많은 가게 주인들과의 오랜 줄다리기를 한 점과 이곳 저곳에 설치된 간판들을 없애기 위한 주민의 협의 과정은 그 자체로 가치 있는 것이다. 이 통합 지주 안내판이 그것을 모아주는 구심점 역할을 하였다. 단순한 안내판이 아닌 것이다. 이 외에도 마을 곳곳에는 재미난 우체통과 벽면의 장식, 물통에 앉아 있는 수리부엉이의 그림과 부엉이 조각물이 길가에 세워져 있다. 이러한 그림과 조각은 작가들에 의해서만이 아닌 지역 주민들 중에서 손재주가 좋은 사람들이 참여하였다.

그 중에서도 마을의 정자와 안내판의 제작은 뛰어난 기술을 요구함에도 손재주가 뛰어난 지역 주민의 참여로 재료비만으로 훌륭한 작품이 완성되었다. 돈을 주고 주문하면 조립된 정자가 금방 도착하고 장인들에게 주문하여 더 멋진 정자를 만들 수도 있으나, 스스로 만든 과정과 땀의 가치는 결과물의 의미를 다르게 하며 이는 관리의 지속성으로 이어진다. 매월 첫째 주 금요일 아침 6시마다 주민들이 모여 마을 청소를 하는 등, 이렇게 작품화된 마을을 깨끗이 관리하고자 하는 의식으로 발전된 배경에는 지루하고 힘들었던 협의 과정이 있었기에 가능하지 않았을까? 외형적 결과와 성과만 생각했다면 할 수 없는 일이었을 것이다.

공존의 문화로

이렇게 만들어진 공간에서 사람들의 땀 한 방울 없이 만들어진 것이 없고, 혼자만의 상상으로 된 것도 없다. 부엉배 마을의 사업 진행은 준비부터 첫 단계 정비까지 2년 이상의 협의와 조정의 과정이 있었고, 마을 주민들의 반대와 찬성, 그리고 작가들의 수많은 토론과 작업의 과정이 있었다. 산골 마을에서의 이러한 일련의 과정은 현재와 같은 예술품이 살아 있는 매력적인 전원 마을을 조성하는 기반이 되었다. 지금은 언론과 방송 매체를 타고 마을이 외부로 알려지면서 찾아오는 사람도 늘어나게 되었다. 이러한 외부의 관심도 마을의 활기에 큰 도움을 주기도 하지만, 마을 주민과 작가들 스스로가 어려운 과정을 통해 마을 환경을 바꾸었다는 긍지를 가지게 된 것에 더 큰 가치를 찾을 수 있을 것이다.

어떤 지자체에서나 큰 고민거리인 예산 문제는 부엉배 마을

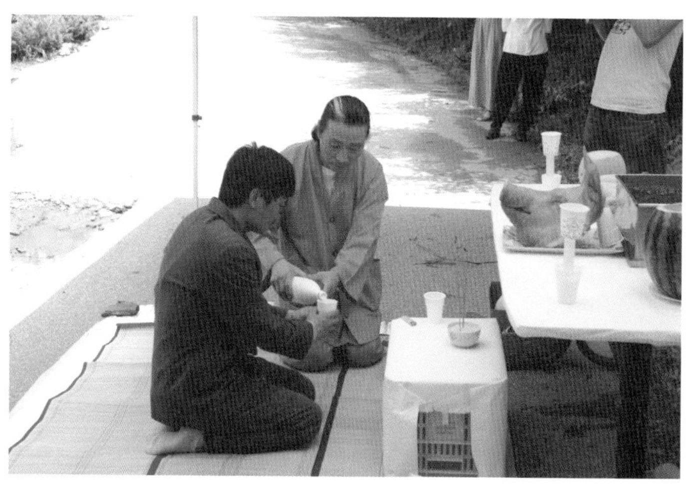

부엉배 마을의 원활한 진행을 기원하며 올리는 고사.

에서도 마찬가지였다. 청년 작가들이 공공 공간의 작업에 적극적으로 참여하기 위해서는 재료비와 답사비용 등을 위해 많지는 않더라도 기본적인 경비가 필요하다. 기본적인 예산은 전국 공모 사업을 통해 확보하여 충당하기는 했지만, 일반적으로 높은 작품 가격으로 거래되는 조형물을 생각하면 거의 인건비도 안 되는 금액이었다. 지역에 대한 애착을 가진 젊은 작가들의 정열이 아니면 감히 추진하기 힘든 사업이었을 것이다.

2009년 11월, 이 사업의 시작을 기원하고자 마을 어귀에서 열린 고사의 축문에는 사뭇 이 사업에 바라는 의미가 잘 함축되어 있다.

축 문

유세차

2009년 7월 10일

부엉배 마을 사람들은 만물을 두루 굽어살피시는 천지신명께 고하나이다.

오늘 지역의 작가들과 마을 주민이 부엉배 마을 미술 프로젝트를 시작함에 있어 맑은 술과 과포를 정성껏 마련하여 하늘과 땅의 신께 올리오니 부디 흠향하시고 여러 사람의 땀 맺힌 정성으로 이루어질 부엉배 마을 미술 프로젝트의 성공과 번영을 뜻 모아 기원하오니 부디 큰 결실 있도록 보우하여 주시옵소서.

상향

부엉배 마을 일동 올림

2010년 4월에는 '부엉배 영농회'라는 마을의 영농 조합이 설립되어 지역의 경제적인 활기를 가져오기 위한 활동을 전개해 나가고 있으며, 이제는 지역의 커뮤니티를 공존의 문화로 돈독히 해 나갈 과제를 안고 있다. 이 조합이 어떤 방향으로 나아갈지는 그들의 역할과 노력에 달려 있으나, 침체된 시골 마을이 이러한 활동까지 전개할 정도로 분위기가 상승된 것은 매우 고무적이며, 향후의 새로운 미래를 바라볼 수 있는 원동력이 될 것임이 분명하다.

농촌의 관광화로 인한 혼란을 경계할 필요도 있지만, 정신적·경제적 자립을 위해 지나치지 않을 정도의 지역 이미지 브랜드화는 스스로 모색해야 할 것이다. 부엉배 마을은 지금까지 전개해 온 2년 여 동안의 활동만으로도 주변에서 주목받는

정자의 상량식. 주민의 손으로 제작된 정자 상량식에 맞추어 시장과 지역의 주민, 작가들이 모여 그동안의 한풀이 잔치를 벌였다.

마을로 성장했으며, 지역의 브랜드 이미지가 상승하여 이곳을 찾아오고 살고자 하는 사람들이 늘어나고 있다. 또한, 이러한 마을의 활동이 다른 마을로 전파되어 지역 내에 적지 않은 시너지 효과를 가져오고 있는 것이다. 이것이 남양주시의 새로운 도시 디자인의 흐름, 즉 '생활 속에서 발견되는 지역만의 새로운 가치'를 만들어나가고 있는 것이다.

공원 조성 이전의 모습으로 황량한 구조물 밑의 공간이 지역의 이미지를 저하시키고 있다.

최고의 디자인은 한계의 극복에서 나온다

부엉배 마을의 디자인이 산골 마을이 가진 아늑한 풍경에 어울리는 휴먼스케일의 아기자기함이라면, 금남2리의 빛가람 공원은 거대한 교각 구조물에 어울리는 직선의 공간을 가지고 있다.

금남2리의 마을 만들기는 처음 시작되었을 당시만 하더라도 그렇게 주목받는 대상이 아니었다. 경춘선이 생기며 만들어진 거대한 교각 옆에 자리 잡은 작은 수변 마을에는 여기저기에

빛가람 공원의 중간 과정. 주민이 심은 수목을 희망 근로로 참여한 사람들이 공원의 산책길로 이어내었다.

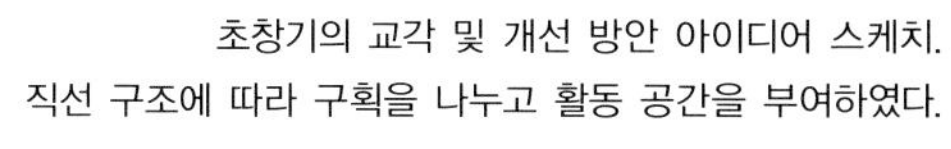
초창기의 교각 및 개선 방안 아이디어 스케치.
직선 구조에 따라 구획을 나누고 활동 공간을 부여하였다.

식당이 들어서 있었고, 지방 근교의 풍경이 좋은 곳이면 어디에서나 볼 수 있는 과감한(?) 디자인의 러브 호텔이 도로변에 서 있었다. 외부에서 데이트하러 온 사람들에게는 아름답고 편안한 풍경일 수 있지만, 지역 주민들에게는 외부 요인에 의해 공간이 단절되어버린 흥미롭지 않은 상황이었다.

마을 대표를 중심으로, 허전해진 공간에는 살구나무를, 교각 밑에는 유채꽃을 심어 조금이라도 쾌적한 곳을 만들어보자고 시도한 것이 시작 단계의 콘셉트였다. 하지만, 거대한 교각은 그러한 아기자기한 마을의 아름다움마저도 용납하지 않는

수변의 조망 공간과 구역마다 놓인 벤치 기능을 갖춘 조형 작품들.

강렬한 힘을 가지고 있었다. 대도시 주변 도시들의 문제로 지적되는 고속 도로나 외곽 도로로 인한 경관의 단절이 이곳에서도 어김없이 나타났으며, 부분적인 식재만으로는 마을 풍경의 복원이 힘든 상황이었다.

디자인과에서도 이곳의 개선을 위해 몇 번에 걸쳐 계획안을 작성하여, 직선의 교각 구조와 조화되는 직선 구조의 디자인으로 황폐해진 교각 밑에 쾌적한 생태 공간을 만들어보자는 의견까지는 접근하게 되었다. 하지만, 마을과의 시각적 연결과 예산 문제, 담당 부서와의 협의가 쉽게 진행되지 않아 한동안

손을 놓고 있던 상황이었다. 이런 가운데, 마을 가꾸기 사업을 계기로 주민들은 마을 대표를 중심으로 스스로 마련한 나무를 마을 골목 곳곳에 심고, 교각 밑에는 주민들과 외부의 방문객을 위한 휴게 공간을 조성하기 시작했다. 이러한 성과를 받아들여, 시에서는 공원화 계획을 수립하여 교각을 따라 직선의 쾌적한 보행자 공간을 설치하였고, 각종 꽃과 나무들을 길 양쪽으로 식재하여 녹색이 살아 있는 쾌적한 공간으로 탈바꿈시키게 되었다.

이곳에서도 부엉배 마을의 프로젝트에 참여했던 지역의 청년 작가들이 다수 참여하여 각 구역마다 개성 넘치는 조형물을 설치하였다. 그 결과, 교각 밑의 전시장이라는 독특한 공간이 만들어졌다. 각 조형물은 휴게의 기능적인 요소까지 더해서 사용성을 높이게 되었다. 그리고 2010년, 드디어 '꽃가람 공원'이라고 이름 붙여진 멋진 공원이 탄생하게 되었다.

이 공원이 우리에게 주는 시사점은 크다. 마을을 개선하기 위한 활동의 일환으로 주민 스스로 시작한 공간 개선 활동이 지역의 활성화로 이어졌다는 점이 가장 큰 의의를 가진다. 또한 진행 과정에서 디자인과를 비롯한 관련 부서와 조경, 디자인 전문가들이 결합하여 질적인 향상을 이루어냈다는 점도 다음으로 중요한 성과라고 할 수 있다. 또한, 거대한 구조에 부응하는 공원에 예술 창작품을 결합시켜, 공간에 액센트를 주고 자연스러운 휴게 기능을 부여했다는 점, 다양한 주체가 참여한 협의의 공간을 만든 것도 큰 성과다.

이곳에는 직선 구조의 보행로와 예술 작품 외에도 곳곳에

흥미로운 장치들이 있다. 보행로를 따라 강가로 가면, 사랑의 언약을 상징하는 장미를 든 손이라는 작품이 나타난다. 그 앞의 수변 오픈 스페이스는 사고 우려가 있어 펜스가 설치될 계획이었다. 그러나 안전을 위해 설치되는 펜스로 인해 자연 조망이 저해되고, 쾌적한 자연 풍경의 감동이 줄어들게 될 우려가 있었다. 몇 번의 토론을 거쳐 펜스를 제거하게 되었고, 지금 그 공간에서는 연인과 가족들이 북한강을 바라보며 편안하게 이야기를 나눌 수 있게 되었다. 또한, 자연 환경과 어울리는 시설물의 색채와 보도블록의 직선적인 패턴도 이 공간에 안정감을 준다.

공원 건너편의 황폐해진 공간도 최근 지역 주민들의 손에 의해 생태 하천으로 변모되었고, 지역을 찾아오는 방문객들을 위한 주차장이 마련되었다. 나무를 심고 길을 닦고 하천에 깔린 쓰레기 수거까지, 그들의 손을 거치지 않는 것이 없

나무를 심고 정비하는 모든 공정이 지역 주민들의 손에 의해 이루어졌다.

었다.

전국적으로 많은 지역에서 참여형 마을 만들기 사업이 진행되고 있지만, 지역 리더를 중심으로 행정, 전문가의 협의 속에 열악한 환경을 개선했다는 점에서 금남리만큼의 적합한 예를 찾기 힘들다고 생각되는 것이 그러한 이유에서다.

우리는 흔히 못 가진 것에 대해 불평을 하기 쉽고, 스스로가 가진 소중한 것을 잊고 사는 경우가 많다. 예산이 많고 뛰어난 디자이너가 있어야 하며, 많은 시간과 사람들이 있어야 뭐든지 가능할 것이라고 생각하기 쉽다. 그러나 위대한 건축물과 디자인 작품들이 실제로는 열악한 환경 속에서 태어나는 경우가 많다는 것을 알게 된다면, 스스로에 대한 가치를 다시금 돌아볼 수 있을 것이다. 위대한 디자인은 한계의 극복에서 나온다는 것을.

사랑의 언약을 상징하는 조명물을 따라 많은 연인들의 발길이 이어지고 있다

부엉배 마을의 공공 미술 프로젝트 관련 기사

지역의 미술 작가들이 주민들과 함께 시의 지원을 받아 진행한 공공 미술 프로젝트가 보잘 것 없던 시골 마을을 아름답고 활기차게 변모시키면서 마을의 정체성을 높이고 주민들 간에 단합과 소통이 이루어지게 했다.

일반적으로 공공 미술 프로젝트가 결과물인 미술 작품을 보고 느끼는 데 만족했다면, 이 마을에서 이루어진 공공 미술 프로젝트는 어떻게 주민들의 소통에 관여하고, 그것이 마을에 어떠한 긍정적 효과를 미치는가를 보여주는 훌륭한 예가 되고 있다.

특히, 이 마을은 이 프로젝트가 진행되면서 민들레 사업단을 조직해 공동 사업체를 추진할 정도로 단합과 소통이 되고 있다. 이렇게 변화된 남양주시 조안면 삼봉1리 2반 부엉배 마을의 공공 프로젝트 진행이 시작된 과정과 그 후 변모된 모습을 살펴본다.

당초 이 프로젝트는 공공 예술 들로화 집단(대표 이종희)과 남양주 지역 작가들이 지난 2008년부터 부엉배 마을에 관심을 보이면서부터 시작됐다. 불과 몇 년 전부터 주민이 늘어나기 시작해 이제 겨우 20여 가구가 살고 있는 삼봉2리의 작은 마을은 개발 제한 구역과 군사 보호 구역 등, 각종 규제로 인해 서울과 가까운 지리적 여건에도 불구하고 낙후성을 면하지 못하고 있었다. 창의력과 상상력이 풍부한 작가들은 규제 속에 있으면서 자연 환경이 잘 보존돼 있는 이 마을만의 긍정적 측면을 발견하게 됐고, 특히 부엉이가 살고 있는 몇 안 되는 지역에 포함된다는 사실에 주목했다.

마을 주민들과 함께 한 대화의 자리에서 지역 작가들은 이전까지 마을 이름이 없던 이 마을의 이름을 '부엉배 마을'로 정하면서 마을의 정체성을 수립하고, 지난 2009년 초에 지역의 발전과 환경의 보전이라는 화두로 미술 프로젝트를 진행했다. 이 기획안을 알고 들로화 집단으로부터 기획안을 받아 검토한 남양주시는 행정안전부의 '희망 근로 프로젝트'를 접목시켜 추진하면 좋겠다고 판단, 희망 근로 인건비 1억여 원을 지원했다. 이때부터 남양주 지역 작가들은 희망 근로 인건비만 받고 지역을 위해 흔쾌히 봉사에 나섰고 마을 주민들도 작가들이 제작한 작품이 들어설 부지를 내놓는 등, 시와 작가 그리고 주민들이 하나가 되기 시작했다.

힘을 얻은 들로화 집단과 주민들은 45번 국도변의 마을 입구부터 1km의 길을 걷고 싶은 명품 산책길로 만들고 마을은 부엉이를 테마로 하는 아름다운 시골로 변모시키기로 했다. 또, 무엇보다 작가와 주민들이 함께 고민하며 마을에 어울리는 작품을 만들고 꾸미는 과정을 통해 마을의 정체성을 높이고 주민들끼리 더욱 단합되고 소통이 원활하게 이루어지게 했다. 이는 이 프로젝트의 기획 의도의 중요한 부분이었다.

20여 명의 작가들은 주민들과 의논 끝에 저녁이면 앞산에서 '부~엉, 부~엉' 부엉이 울음소리가 들리는 부엉배 마을 입구에 마을 상징물로 부엉이 형상의 작품을 설치하고 마을길의 100m구간마다 형상화한 거북이나 물고기, 새 등으로 특색 있는 이정표를 설치했다. 산책길의 중간 중간에는 아트 벤치를 설치해 여유 있는 '쉼'을 강조했으며, 지역과 지역, 사람과 사람의 원활한 소통을 희망하는 우체통도 설치했다.

또, 주민들의 쉼터와 모임 장소 역할을 할 정자를 세웠고, 정보의 교류와 소통을 위해 게시판을 설치했다. 이 공공 미술 프로젝트가 진행되는 기간 동안에 마을 주민들도 변화된 모습을 보였다. 반상회를 조직하고 월 1회씩 마을 청소를 하기로 의견을 모으는 등 단합과 소통이 시작됐다. 또한, 월 1회 열리는 반상회는 마을에서 이루어진 공공 미술 프로젝트의 의의와 중요성을 깨닫는 기회가 됐고, 마을 주민들은 마을의 생태 환경 보존과 공동의 이윤 창출 고민 그리고 마을 주민 스스로 마을의 토양에 맞는 수목과 채소를 연구했다. 이에 관해, 주민들은 올해 1월 반상회에서 마을 가로수로 보리수를 선택했고 5월에 시의 지원을 받아 200그루의 보리수를 심었다. 이천주 반장은 "공공미술 프로젝트 덕분에 마을이 단합이 됐고 매달 반상회와 마을 청소 등도 하게 됐다"며 "내년에는 '보리수 축제'도 열 계획이니 구경와 맛봐 달라"고 말했다.

공공 미술 프로젝트는 이 마을 주민들에게 단합과 소통이라는 중요한 것을 안겨줬지만 또 다른 즐거움을 선사했다. 다름아닌 민들레 사업단 구성이다. 주민들이 뜻이 맞으면서 민들레 사업단이 조직됐고 뜻있는 주민 2명이 민들레 재배지로 약 9,900m²(약 3천여 평)의 부지를 내놓자 다른 주민들도 주머니를 털어 자금을 마련해 다 함께 민들레 모종을 심고 가꾸고 있다.

'부엉배 마을'의 변화는 훌륭한 기획을 바탕으로 작가들과 주민들이 함께한 공공 미술 프로젝트가 얼마나 좋은 영향을 미치는지 잘 보여주고 있는 사례가 되고 있다. 이 프로젝트를 진행한 들로화 집단의 대표 이종희 작가는 "소통을 전재로 이 프로젝트를 기획했다"며 "작가들이 지속적으로 자신의 작품이 있는 지역민들과 함께 소통하고 고민해야 공공 미술 프로젝트는 성공할 수 있다"고 말했다. 공공 미술이 경제적·사회적·문화적으로 소외된 지역을 환기시키고 관광 자원화한 예는 있으나 지역 사회 구성원이 공공 미술을 통한 소통의 과정을 통해 공동체 사업을 구축한 예는 많지 않아 이 프로젝트가 더욱 돋보이는 것인지도 모르겠다.

경기신문(2010. 8. 2.)

부엉배 마을의 공공 미술

조각가 이 종 휘

배양리에서 시작된 작업실의 이주는 이패동과 동막골을 거쳐 2008년 삼봉리에 들어오게 된다. 친구인 조각가 박장근은 이천으로 내려오라고 매번 설득했지만, 남양주에서 초중고를 다닌 것과 상관없이 난 이상하게 남양주가 좋았다. 어쩌면 산과 강이 있어 떠나지 못하는 것이다.

팔현리에서 오남국민학교를 다니던 서정은 나를 산속으로 계속 이끄는 것 같기도 하다. 매번 작업실을 옮기면서 어디서 정착할 것인가를 고민하였다. 부엉배 마을에 처음 들어온 날 높은 전나무 샛길 속에 조그만 마을을 발견하고 이곳에 둥지를 틀었다. 팔현리로 다시 돌아가고 싶었지만, 북한강을 매일 볼 수 있다는 매력은 이곳을 떠나지 못하게 하는 것 같다.

아쉽게도 지금은 도로 공사로 그 전나무 숲은 없어졌다. 해가 중천에 있어도 그 밑을 지날 때 느껴지는 아늑함을 잊을 수 없는데. 모든 사랑하는 것은 사라지고, 모든 싫어하는 것들이 즐비한 도시를 떠나 이곳에 왔지만, 이곳에서도 조금씩 사라지는 것들과 싫어하는 것들이 생기는 것에 대해 아픔을 갖는다. 사라지는 것들에 대한 아픔을 나만이 아니라, 마을 주민들도 공감함을 알았을 때, 마을은 위로와 소통의 장이 된다. 싫어하는 것들이 많아지면, 나는, 마을 사람들은, 또 떠나야 되는가? 마을은 더 이상 떠나기를 원치 않는다. 맑은 물과 공기와 좋은 먹거리, 민주적 거버넌스를 이제 구축하려고 한다. 대한민국의 어디를 가든 지키고, 만들지 않으면 안 될 것이기에 공동체를 복원하고, 공동체의 경제적 삶을 친환경의 재배 속에 이루어내려고 부엉배 마을은 움직인다.

무명의 예술가로서의 삶이 그리 탐탁치 않지만, 유년의 공동체가 주던 어울림의 문화를 부엉배 마을에서 볼 수 있을 거라는 희망은 마을의 한 주민으로서 탐탁한 삶을 넘어 빛[화이트]과 판타지를 꿈꾸게 한다.

그것은 나와 마을 그리고 21세기 대한민국 농촌의 운명을 가름하는 초석이 될 것이기 때문이다. 현란한 신화적 유토피아를 배제하고 실재하는 유토피아의 가능성을 다짐하며….

그리고 부엉배 마을의 정체성

삼봉리는 남양주시 조안면에 위치하며, 45번 국도변에 위치해 있다. 삼봉리는 크게 구봉과 봉배 그리고 재재기의 세 개의 마을로 이루어져 있으며, 프로젝트의 대상지는 봉배로 계획하였다. 행정상으로는 2반이라는 명칭을 갖게 되었는데, 이는 봉배 주민들의 집단적 발의에 의해 이루어지게 되었다. 즉, 프로젝트가 시작되기 바로 전에 마을 사람들은 스스로 모이기 시작하고 있었다는 것이다. 이는, 그동안 마을 주민이 소수였으나, 이주민에 의해 마을 사람들이 늘어가기 시작했고, 민원에 대한 창구의 필요가 생겼으며, 이를 마을 주민 스스로가 반을 만들어낸 시점이 되었다.

삼봉리 2반은 총 23세대로, 100여 명의 인구로 구성되어 있으며, 마을 주민의 60% 이상이 60세 이상의 연령대로 구성되어 있다. 프로젝트 계획에 있어, 가장 먼저 고민한 것은 대상지에 대한 정체성이었다. 행정적 명칭으로는 삼봉리 2반이었지만, 마을의 고유한 브랜드 네임을 가질 필요가 있었고, 이는 향후 마을이 자신의 고유한 이야기를 가져가는 중요한 기점이 될 수 있기 때문이다.

남양주시지 3권 민속의 981쪽에는 "봉배는 삼봉리에 있는 내이다. 부엉이가 많아서 처음에는 '부엉배'라고 불리던 것이 변하여 '봉배'라 불리게 되었다고 한다"고 쓰여 있다. 그러나 봉배라는 지명은 단번에 부엉이가 사는 곳이라고 추측하긴 힘든 부분이 있고, 부엉배라고 명명하는 것이 좋겠다는 반상회의 결과로 '부엉배'라는 마을 이름을 다시 갖게 되었다. 더군다나 현재 부엉이가 살고 있고, 이는 부엉배의 자연 환경이 서울과 1시간도 되지 않는 거리에 있음에도 불구하고 잘 보존되어 있음을 보여주고 있다.

부엉이가 살 수 있는 자연 환경은 인간에게도 이로운 점이 있다는 것을 마을 주민들은 강조한다. 그러나 밀려드는 개발의 물결이 이곳이 상수원 보호 구역, 군사 보호 구역, 그린벨트 등의 규제에도 불구하고 곧 사라져버릴 것이라는 걱정도 있다. 즉, 부엉이가 살 수 없는 곳은 이미, 부엉배 마을의 정체성을 잃어버리게 된다는 것이기도 하다. 그래서 마을 주민들은 환경에 대한 경각심이 남다르다.

그러나 모든 사람이 이런 환경에 대한 경각심을 가지고 있지는 않다. 공기 좋고 물 좋은 것을 자랑스러워 하며, 유기농 채소를 가꾼다고 하지만, 방을 따뜻하게 하기 위하여 산에 나무를 베거나, 각종 건축 폐기물을 태우는 주민도 있다. 건축 폐기물을 태운 연기가 대기중으로 흩어져, 다시 자신이 가꾸는 채소잎으로 떨어진 환경 오염 물질을 자신과 자식들이 먹고 있다는 사실을 애써 모른 척 하는 것 같다. 이는 환경의 중요성에 대한 관공서 및 시민 단체의 프로그램이 부재하다는 것임을 알 수 있다. 또한, 산에 있는 나무를 베어서 온열을 하는 행위는 나무를 베는 행위의 잘못이라기보다는 도시로 집중되어 있는 도시가스, 수도 등의 차별적 행정에도 그 원인이 있다. 즉, 도시의 삶보다 시골의 삶에 비용이 더 많이 들게 하는 요소가 있다는 것이다.

아침잠을 깨우는 수많은 새들의 지저귐은 조안鳥安이 가지고 있는 아름다움이고, 이는 생태계의 축이 잘 회전되고 있음을 보여준다. 따라서 부엉이가 잘 살 수 있는 기본적 환경이 구축되어 있음에도 불구하고 도로 건설, 소음, 가속화되는 물의 오염 등이 부엉이가 계속 부엉배 마을에 생존할 수 있느냐는 마을 운명의 중요한 전환점이 될 수 있다.

부엉배 마을이라는 명칭의 사용은 부엉이와 인간이 계속해서 동거할 수 있는가라는 지대한 환경적 관심이 부엉배 마을의 정체성, 특수성을 이어나가는 중요한 출발점이 된다. …

- 부엉배 마을 이야기 중에서

http://cafe.daum.net/boouingbe에 가면
부엉배 마을의 영농 조합과 관련된 보다 자세한 정보를 볼 수 있다.

소통의 디자인

지역의 독특한 개성을 만들기 위해서는 누구나 납득할 수 있는 지역 디자인의 공통된 이미지를 만드는 것이 중요하며, 이는 공간에서의 작은 행위 하나하나에 의미 있는 영향을 미친다. 예를 들어, 담장 앞에 쓰레기 봉투를 내놓기보다는 의자나 작은 화분을 놓거나, 높은 콘크리트 담장보다는 낮은 나무

다산로 진입로 상징 조형물. 부득이하게 필요한 시설물은 최대한 개방하여 자연으로 흐르는 시선을 가로막지 않는다.

울타리로 개방감을 주는 것이 우리 지역에 살아가는 사람들의 너무나 당연한 행동이 되고, 이것이 축적되면 도시 디자인이 삶의 문화가 되는 것과 같다.

최근 일본의 도시 디자인 중 대표적인 사례로 손꼽는 마나즈루真鶴라는 어촌에서는 지역의 디자인 코드를 '미의 기준'으로 아주 쉽게 정리하고 오랫동안 실천하여 개성적인 어촌 마을의 풍경을 자아내고 있다. 그 내용은 '집집마다 오렌지 나무를 심자', '지역의 검은 돌을 외장 소재로 사용하자' 등과 같이 누구나 쉽게 이용하고 실천할 수 있는 내용으로, 지역 디자인 의식의 기반을 만드는 중심 역할을 하고 있다. 소통은 사람들 간의 대화와 교류를 위한 공감의 형식이기도 하지만, 공간을 만들어나가는 창의적 디자인 기술을 의미하기도 한다.

남양주시는 자연이 아름다운 곳이다. 북한강과 천마산을 비롯한 많은 명산들이 있으며 수동 주변으로 펼쳐진 전원 풍경은 수도권에서도 그 명성이 자자하다. 이렇듯 자연이 아름다운 곳의 모든 인공적인 시설물과 건축물의 디자인은 자연과의 조화로운 소통이 요구된다. 자연이 주인공이 되고 사람들은 그 자연에게서 필요한 공간을 잠시 빌려 쓰는 것이다. 이러한 공간의 인공적인 요소는 자연 지형과 토양을 철저히 존중하는 생태 디자인의 철학을 반영해도 충분히 과하지 않다. 형식적으로 녹색을 칠하고 목재에 방부 페인트를 칠하는 정도가 아닌, 건물의 기반에서부터 시설물의 표피 소재까지 자연과 융화되고 서서히 썩어들어가는 지속적인 생태 공간의 방식을 적용하는 것이다.

남양주시의 소통을 디자인하는 방식은 자연과의 교감을 확보하고, 시선의 연속성을 최대한 살려나가는 것이다.

개방감의 디자인

그러한 공간에서의 소통을 위해 우리가 생각한 방식은 사람이 만든 모든 구조물을 철저하게 개방하는 것이다. 쉽게는 투명한 소재를 활용하여 자연으로 흐르는 시선을 열어주고, 토양이나 수목과 유사한 색채와 소재를 사용하여 자연스럽게 자연과 시각적으로 소통하도록 만들어내

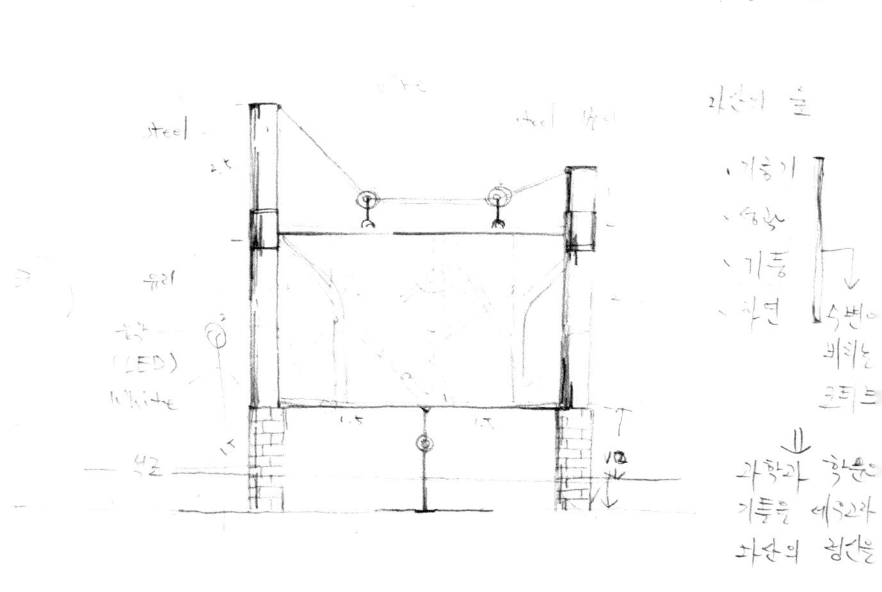

다산로 진입로 상징물의 기본 디자인안.

는 것이다.

다산로 진입로의 상징 조형물 디자인은 그러한 최초의 시도였다. 당초 담당 부서에서 기획한 안은 교차로의 중심부에 다산 정약용 선생이 개발한 기중기와 수원성 축조의 성곽 이미지를 적용한 거대하고 특이한 구조물로 이루어져 있었다. 그러한 디자인은 다산 정약용의 이미지를 지나치게 구체적으로 형상화시킨 점에서도 문제가 있었지만, 설치될 곳의 아름다운 자연조망을 헤칠 우려가 더 컸다. 자연이 아름다운 곳에 자연만큼 아름다운 디자인은 있을 수 없다. 몇 차례 회의를 거쳐 당초 디자인안의 특성은 살리되, 자연과 소통할 수 있는 안으로 변경하여 기초적인 디자인안을 만들게 되었다.

그 방법은 주요 조망점에서 인공물을 최대한 멀리 떨어진 곳으로 옮기고, 투명한 재료를 사용하여 자연으로의 조망을 확보하고, 펜스 등의 색채를 주변 나뭇가지와 유사한 색채를 사용하여 시각적 자극을 줄이는 것이다. 대신 성곽의 석재를 쌓은 이미지와 기중기의 이미지를 부분적으로 적용하여 주변에 있는 다산 생가의 상징성과 연계성을 만들었다.

이 가로 앞을 지나는 보행자들의 안전을 위해 펜스를 앞쪽으로 설치하는 방안도 검토되었으나, 시각적인 개방감을 확보하기 위해 뒤로 물리고 앞쪽에는 벤치 겸 볼라드를 설치하여 안전성을 확보하였다. 공간의 디자인은 작은 차이에서 장소와의 조화 관계가 이루어진다. 보행자 데크도 어떤 나무를 사용하는가에 따라 달라지며, 도장도 어떤 도료를 사용하는가에 따라 시간이 지날수록 그 품격에 차이가 난다. 형태도 금방 싫증 나는 형태도 있으나, 보면 볼수록 정감이 가고 상징성이 두드러지는 형태도 있다. 우리가 선택한 방식은 후자 쪽이었다. 당장 눈에 띄는 상징성은 약하나 자연과 소통하며 그 의미가 점점 깊어지는 디자인이다.

조명도 나무의 형태를 타고 밑에서 위로 퍼지는 백색 LED 조명을 사용하여, 야간에도 차분한 자연 공간의 이미지를 저해하지 않을 정도의 안내 기능을 부여하였다. 나무도 저녁에는 쉬어야 한다. 과도한 야간 조명은 사람들에게 시각적인 혼

다산 생가로 이어진 진입로의 상징 조형물.

란을 주기도 하지만 나무에게도 쉴 수 있는 시간을 빼앗아 광합성을 할 여유를 주지 않게 한다. 결국 나무가 잘 자랄 수 있는 환경이 인간에게도 최적의 환경이다.

도심에 설치되는 많은 시설물은 사람들의 시선을 갑자기 막고 서서, 공간의 연속성을 막아버리는 경우가 많다. 최근 우리 주변의 많은 공간은 비인간적으로 올라가는 건축물과 시설물로 인해 오랜 시간 이어져 온 도시의 정체성이 흔들리고 있는 곳이 적지 않다. 구도심의 정체성을 살린 개선보다는 모두 허물고 새롭게 올리는 전면적 '개발'을 더욱 선호하며, 무엇인가 정착되기도 전에 새로운 구조물을 다시 쌓아 공간의 기억을 아득하게 만들어버린다. 실제로 많은 디자이너는 새로운 디자인이 가진 독특함에만 신경을 쓰지, 장소와 공간의 가치와 연계성은 그다지 중요한 고려 대상으로 여기지 않는다. 컴퓨터 기술의 발달과 인터넷 정보의 확대는 다른 곳의 디자인을 쉽게 차용할 수 있게 되었고, 그것이 자신들만의 독창성으로 둔갑하는 것도 한 순간에 이루어진다.

머릿속에 문득 떠오른 독특한 아이디어를 창조적인 생각으로 여기는 경우가 많지만 창조는 리얼리티다. 현실에 충실한 기반을 두고 자신이 생각하는 아이디어보다는 공간이 요구하는 조건과 형태를 받아들이는 가운데 생겨나는 것이다. 대상 없는 획일적인 복제나 조건을 인정하지 않는 머릿속의 일시적인 이미지가 독창성으로 이어지기는 어렵다.

소통은 대화의 방식이다. 내가 열려야 대화가 되듯이 공간에 대해서도 고정된 이미지를 심는 것이 아닌, 스스로를 열고 보는 사람마다의 다양한 상상이 개입되고 확대되는 것이 소통의 기본적인 조건이 된다.

다산 생가 진입로의 디자인은 공간에서의 소통 방식을 적용한 초기의 디자인이라는 점에서 의의를 갖지만, 원안에 있던 기중기와 석재 등의 고정적인 이미지가 강하여 공간에 다소 부담을 준 점 등은 아쉬운 부분이었다.

피아노 폭포의 전경과
피아노 화장실.

공간과 공간의 소통

남양주시에는 남양주 폭포라고 불리는 명소가 있다. 생활 하수를 모아 인공 폭포로 흘려보내고 정화하는 곳으로, 자연에 대한 부하도 줄이고 경관적으로도 이전의 딱딱한 공장 시설과 같은 이미지를 벗어나 생태 공원의 개념을 적용했다는 점에서 지역에서 가지는 의의가 큰 장소다.

또한, 이 폭포 시설 안에는 가족과 연인이 방문해서 산책을 하며 정취를 즐길 수 있는 다양한 장소가 있다. 그 중에서도 계단을 오를 때마다 음악 소리가 나는 피아노 모양의 화장실은 기존 화장실의 이미지를 탈피한 독특한 디자인으로 잘 알려져 있다. 기존에 남양주 폭포라고 알려져 있던 이곳의 명칭을 시청 공무원들과 주민들을 대상으로 공모한 결과, 피아노 폭포라는 이름으로 변경된 것을 봐도 자연 공간에 있는 피아노 화장실이 얼마나 신선함을 주었는지 알 수 있다.

이곳을 찾아오는 사람들에게 이 공간을 널리 알리기 위한 진입로 디자인이 과제로 주어진 것은 피아노 폭포로 이름이 개명되고 얼마 되지 않았을 때였다. 45번 국지도에는 수변을 따라 식당과 숙박 시설들의 간판이 무질서하게 설치되어 있었다. 지속적인 개선 작업에도 불구하고 관리가 거의 되지 않는 상황이었다.

담당 부서에서 전문 회사에 의뢰하여 몇 차례 디자인안을 받았으나, 다산의 이미지와 폭포의 이미지 등 일차적인 전달성만 있는 디자인이 대다수였다. 그러한 디자인이 조형물로 설치되게 되면 피아노 폭포의 이미지 저하는 물론, 지역 가로의 이미지 저하로 이어질 우려가 높았다.

지금도 그렇지만, 부서에서 검토되는 대다수의 사인 기능을 갖춘 시설물들은 행정의 선호도 있고, 전문 회사의 경향도 있어서 그런지 공간과의 관계보다는 명시성과 주목성에만 신경을 쓰는 경우가 많다. 일차적인 상징 이미지를 강조하여 오히려 공간의 부조화를 불러오는 경우가 허다하다.

게다가 랜드마크성을 강조하기 위해 왜곡된 형태와 원색 위주의 강렬한 색채를 사용하는 경우가 많아, 가로의 시선 흐름을 방해하는 거리의 흉물이 되기도 한다. 야간의 화려한 조명도 주목성을 높이는 데는 효과적인 수 있으나, 공간에 부하를 주는 주변 식당이나 숙박 시설의 야간 광고와 거의 구별이 되

기존에 제출된 디자인안. 자연 공간에 부담을 주는 자극적인 색채와 디자인이다.

지 않는다. 공간이 요구하는 것을 이해하기보다 사람의 머릿속으로 연상되는 이미지만을 그린 결과라고 생각된다.

몇 차례 협의를 거쳐 우선 기본적인 조건을 정리하였다. 대상지가 북한강 유역에 인접한 곳이라는 점과 교차로의 교각을 지나 도로에서 물가의 풍경이 보인다는 점을 우선 고려하여야 했다. 따라서 다양한 조망에서 자연으로 시선이 소통되도록 하고, 내부에 무엇인가 채우기보다는 비우는 디자인으로 방향을 설정하고 기본적인 디자인을 제작하였다. 이 디자인에도 자연과의 소통은 중심 콘셉트가 되었으며, 기본적인 형태는 피아

기본 디자인안. 야간에도 외부로 조명이 흐르지 않도록 하여 자연에 대한 부담을 줄였다.

노 폭포가 가진 '자연으로의 순환' 이미지를 담아내었다.

이런 기본적인 개념을 반영하여 성장하는 나무의 외곽선에 순환을 의미하는 단순한 구조를 형태에 적용하였고, 조명도 외부로 흐르지 않도록 내측에 설치하였다. 이 디자인이 가진 상징성은 형태의 부드러운 흐름과 주변 자연과의 조화에 나타난다. 색채는 주변 나뭇가지의 색채와 유사한 색채를 사용하였으며, 언덕 위에서 물을 바라보는 데 지장을 주지 않도록 각도를 10도 정도 틀어 공간과 자연스럽게 어울리도록 배치하였다.

피아노 폭포 진입 조형물. 기존의 복잡한 디자인안을 수정하여 주변 자연과 소통하는 디자인안으로 설치되었다.

이러한 조정 과정을 거쳐 설치된 구조물은 주변 풍경에 완전히 스며들어 공간의 일부로 자리 잡게 되었다. 심지어 피아노 폭포를 알리는 사인마저도 크기와 색채를 조절하여, 기본적인 사인 기능을 부여하되 형태미美 이외의 불필요한 요소에는 눈이 가지 않도록 하였다. 흔히 이렇게 부드러운 색채는 인지성이 떨어질 것이라고 생각하는 경우가 많으나, 조형적인 특이함만으로도 사람들의 시선을 끌기에 그다지 부족함이 없다. 또한, 야간에도 주변에서 흘러나오는 은은한 빛이 피아노 폭포의 글씨를 더욱 돋보이게 만든다.

소통은 방법이기도 하지만 철학이기도 하다. 규정된 방법으로 만들어진 획일적인 디자인은 시간의 변화에 따라 익숙함보다는 식상함으로 이어지는 경우가 많다. 그러나 공간이 요구하는 조건을 충분히 반영한, 소통 방식으로서의 디자인에는 새로운 확장 가능성이 내재되어 있다.

그밖에 다른 시의 도시 디자인에서도 소통의 방식은 활용되고 있다. 시야를 여는 것은 공간을 하나로 보이게 하는 효과적

뒤편으로 강가의 풍경이 나오도록 했다.

인 방법이다. 다양한 요소가 들어가더라도 하나의 공간으로 보이게 하여 하나의 풍경으로 만드는 힘을 지닌다. 사람들이 보고자 하는 것은 풍경이지 사인이나 특정한 건축물과 같은 구조물만은 아니다. 그리고 풍경이 잘 정리된 곳에서 오히려 개별 요소들이 더 잘 인지된다는 것은 주지한 사실이다. 중요한 것은 공간을 넓게 바라보는 여유로운 눈과 공간과의 벽을 없애기 위해 고정 관념을 깨는 것이다.

경고판의 사인에 있어서도 기존의 사인은 지나친 경고성만 강조하고 주변과의 연계성 또는 경관성을 무시하는 것이 일반

남양주시 경고판 안내 사인 – 자연과의 시각적 소통을 위한 투명한 소재와 자연의 색채 마감을 적용했다. 뒤편의 광고 사인에 비해 자연으로 눈이 자연스럽게 흘러가면서도 사인성을 충분히 갖추게 했다.

적이었다. 우선, 안전과 보호가 우선인 것은 어쩔 수 없지만 관계성을 배려하여 디자인 방안을 고민하면, 주변과 어울리면서 기능성 있는 경고 사인도 충분히 가능하다.

남양주시에는 많은 수변 공간이 있다. 수변에는 낚시 금지와 유영 금지 등과 같은, 사람들의 안전과 자연 훼손을 막기 위한 각종 안내 사인이 설치되어 있다. 그리고 이러한 사인에는 인지도를 높이기 위해 고채도의 푸른색이나 녹색을 사용하는 것이 일반적이다. 산의 진입부에도 불조심 문구가 항상 크게 그려져 있다. 신호등과 약국, 화재와 같이 생명과 직접적으로 관련된 사인에 고채도색을 적용하여 인지도를 높이는 것은 당연한 것이나, 불필요한 곳까지 강한 색채를 사용하는 것은 도시의 이미지 저하로 이어지는 경우가 많다. 강에 가면 강을 보고, 산에 가면 산을 볼 수 있도록 시선을 열고 닫아주는 방식에 대한 이해가 요구되는 것이다.

우리는 기본적으로 수변에 어울리는 색채와 소통 방식을 적용한 소재를 검토하였다. 색채는 남양주시의 기본 색상 중에서 수변에 자극을 주지 않으면서도 다소 채도가 낮은 색채를 선정하였고, 주로 파란색을 사용하던 안내판은 투명한 유리를 사용하여 주변 공간으로 시선이 흐르도록 열어 놓았다.

안내 문구의 색채도 고명도의 편안한 색을 사용하였지만 투명한 유리 위에 높여 있어, 그 내용을 인지하는 데는 문제가 없었다. 디자인과 외의 타부서에도 이러한 개방형 디자인은 점차 확산되고 있어, 펜스와 버스 정류장, 건축물의 외부 처리도 이전과 다른 표현 방법을 보이고 있다. 3년 전, 사전 검토를 받기 위해 제출되었던 대다수의 디자인이 일차원적인 형태에, 강한 색채와 특이한 구조만이 강조되었던 것에 비하면 놀라울 정도의 변화다.

남양주시에는 서울과 같은 대도시의 경제적인 활기도, 인천이나 아산과 같은 문화의 다양성도, 경주나 안동과 같은 역사적인 유산의 풍부함도 부족하다. 여기에 현재는 신주택 단지 개발로 인해 현지인보다 외부에서 유입되는 인구가 증가하고 있어 지역의 정체성도 조금씩 희미해지고 있기도 하다.

그러나 이러한 불쾌한 상황은 '자연과의 소통'이라는, 우리의 자원을 살리기 위한 디자인 접근법을 고안하게 한 긴장감의 원천이 되기도 했다. 또한, 각 분산된 공간이 가진 가치와 그곳에 살고 있는 사람들의 소중함도 깨닫게 했다. 결국 '소통'은 우리가 가진 한계를 극복해 나가는 디자인의 방법이자, 사람과 공간을 잇는 대화 방식으로 자리 잡고 있다.

길을 디자인하다

가로와 보행로 디자인

구멍 뚫린 도시

우리의 또 다른 시도는 도심 곳곳을 가로 지르고 있는 외곽 도로와 국지도에 대한 디자인적 접근이었다.

남양주시의 기본적인 도로는 46번 국도가 도시의 중심을 가로지르고 있으며, 수변 쪽으로 6번과 45번 국지도가 연결되어 양평과 춘천으로 이어진다. 또한 도시 내부 곳곳에는 고속 도로와 지방 국도가 발달되어 있어, 지역 전체가 도로로 분할되어 있는 상황이다. 이러한 도로 중에는 지역 내의 이동을 위한 필수적인 것도 있지만, 서울-춘천 고속도로와 같이 광역적인

도심의 곳곳은 각종 도로로 인해 구멍이 뚫리고 지역은 단절되고 있다.

차원에서 설치된 도로도 많은 수를 차지한다. 자동차 전용 도로의 경우, 강에는 교량이 필요하고, 도심에서는 차폐를 위한 옹벽과 방음벽을 동반하는 경우가 많아 지역에 있어서는 필수적인 요소임과 동시에 경관의 저해 요소가 되기도 한다.

최근, 도로 디자인에서는 자연 선형과의 조화나 식재를 이용한 차폐 공간, 조망 관계와 경관을 고려한 시설물 등의 수준이 이전에 비해 많이 향상되고 막무가내식의 부조화된 디자인은 조금씩 사라지고 있다. 하지만, 거대한 구조와 직선이 주는 압박감은 피하기 힘들다. 여전히 고채도 색상을 즐겨 사용하고 있는 교량 하부 도장과 비용을 절감하기 위해 사용되는 단순한 구조와 저렴한 소재는 시간이 지날수록 도시와는 어울리지 못하고 물 위의 기름처럼 떠다니고 있다.

차가 주인인 거리

이러한 국도의 확장과 함께 구도심 내부의 보행로도 점차 좁아지거나 없어지고 있어 보행자들이 편하고 안전하게 자신들이 살고 있는 곳을 돌아다니는 것도 쉽지 않게 되었다.

우리의 도시에서 보행자는 분명 주인이 아니다. 단지, 달리는 차 안에서 보이는 구경거리일 수 있으며, 길 앞에 가로등과 전주가 막고 있어도 당연해 한다. 보도가 좁아 둘이 나란히 걷기 힘들어도, 차들이 인도 위로 올라와 약간 기분 좋게 주차를 하는 것이 우리에게는 일상적인 풍경이다. 그것이 싫다면 새로 만든 택지 지구나 아파트 단지 내부로 가면 된다. 최근에 많이 없어지고는 있지만, 육교와 같이 차를 위해 사람이 피해가도록 만든 불합리한 공간을 우리는 너무도 당연하게 받아들여야 했던 것이다. 오죽하면 청계천 산책길과 같이 불완전한 보행로로 수많은 사람들이 찾아들고 모이겠는가.

사람이 차의 방해를 받지 않고 도심을 걷는 것이 선진 도시에서는 당연할지라도 우리에게는 너무나 신기하고 특별한 사치인 것이다. 자동차는 자동차 길로, 사람은 사람이 사는 공간에서 자유롭게 걸을 수 있는 공존의 지혜가 필요하며 그것이 우리의 권리를 찾는 길이다.

가로 디자인의 시작

길은 사람에 비유하면 혈관과 같은 곳이며, 길을 통해 사람과 정보의 이동이 이루어지고 구역의 특성이 생겨난다. 가로는 사람의 혈관과 같이 길이나 도로와 같은 선적 공간 개념이며 이동을 목적으로 한다. 시각적인 연속성과 공간에 의해 한쪽 방향으로 갇힌 특성을 가진다. 그러나 연속성은 건축물과 식재로 인한 차폐도 있지만, 열린 공간의 원경에 의해 확보된 연속성도 가로 공간을 규정하는 외적 배경이 된다.

가로 공간은 생활이나 도시 활동의 인간적·사회적 요청이나 조직, 교통에 대한 요구, 양자의 상극적인 요인이 작용하여 형성된다. 즉, 공간 생태학적인 측면에서 주변 환경과 밀접한 연관을 맺는 것이다. 가로형과 격자형, 기하학적 형태를 하고 있는 가로 구조는 도시 구조 및 구획의 결과, 형성되는 경우가 많다. 그 구조는 도시의 지형과 기후, 바람과 습도 등의 생태 환경의 영향을 받아 형성된다. 따라서 우리가 일상적으로 보는 가로의 공간에서 이유 없이 형성된 곳은 없으며, 지역성을 품게 되는 것이다.

이러한 가로 공간에서는 다양한 활동과 그러한 구조를 규정하는 선적 기반을 갖추게 되며, 그 특징을 통해 지역의 가로 개성이 규정된다. 그 구조의 특성으로는, 첫째로 활동 공간과 구경거리를 제공하는 곳이 가로가 된다. 직선 대로에서 이루어지는 상징적인 행진이나 축제는 권위와 시각적 힘을 제공한다. 일상적으로 벌어지는 공연과 이벤트, 홍보 활동 등은 가로의 활기를 가져오고, 가로를 둘러싼 사회와 사람의 삶을 대표적으로 보여주는 극장의 무대와 같은 역할을 한다.

즉, 일상과 비일상의 활동을 통해 사람과 사람, 물류 등이 교류를 하게 되며, 그를 통한 새로운 확산의 거점이 되는 것이다. 가로 공간이 사회 구조, 생활 양식, 도시 그 자체를 반영하며, 도시 활동을 성립시켜 도시 주민의 의식과 행동의 동맥이 되는 것이다.

그러나 남양주를 비롯한 수도권 대다수의 도시에서는, 최근 도로 교통을 이용해 물류 활동이 발달하면서 대로를 중심으로 교통 정체와 경관 훼손, 보행 환경의 저하, 공공 공간의 침범, 환경 오염, 주차 공간 확산으로 인한 연속성 저하 등이 원만한 도시 활동을 방해하고 시가지의 활력 저하를 가져오는 문제점이 빈번히 발생하고 있다. 이는 도시 정체성의 분산과 환경 파괴 등으로 이어져 쾌적한 도시 활동의 존속을 위태롭게 하고 있다. 따라서, 보행자를 배려한 가로 환경, 쾌적한 생활 환경을 위해 대중교통을 중심으로 공간을 재분배하고 자동차 사용량의 조절과 쾌적하고 바람직한 가로 경관의 형성은 향후 가로 디자인의 중요한 과제가 된다.

우리는 이러한 가로 디자인의 기본적인 특성과 우리의 현실적 조건을 고려하여, 연속성, 즉 모든 가로의 시각적인 흐름을 확보하는 것을 우선 과제로 삼았다. 또한 그에 따라 이미 조성된 열악환 시각 환경을 하나씩 해결하고, 도시 전체의 가로 디자인을 우리 방식으로 구상해나가야 했다.

장욱진 그림벽. 먼지로 가득 덮힌 도로 진입부의 옹벽을 그림벽 타일로 변화시켰다.

열악한 가로 공간의 고민

먼저, 우리는 가로 디자인의 방향과 원칙을 지역 특성에 맞추어 수립함과 동시에, 가로 주변의 열악한 디자인과 보행 환경의 개선을 주요 방향으로 세웠다. 그리고 가로의 시각적 저해 요소라고 판단되는 곳을 대상으로 보행자를 위한 매력적인 보행로의 형성, 개성적인 가로 환경 개선 등의 방향을 정했다.

또한, 새로 신설되는 도로의 디자인 개선을 위해 자연 친화적인 디자인 계획을 수립하고, 마찬가지로 기존 도로의 주변에

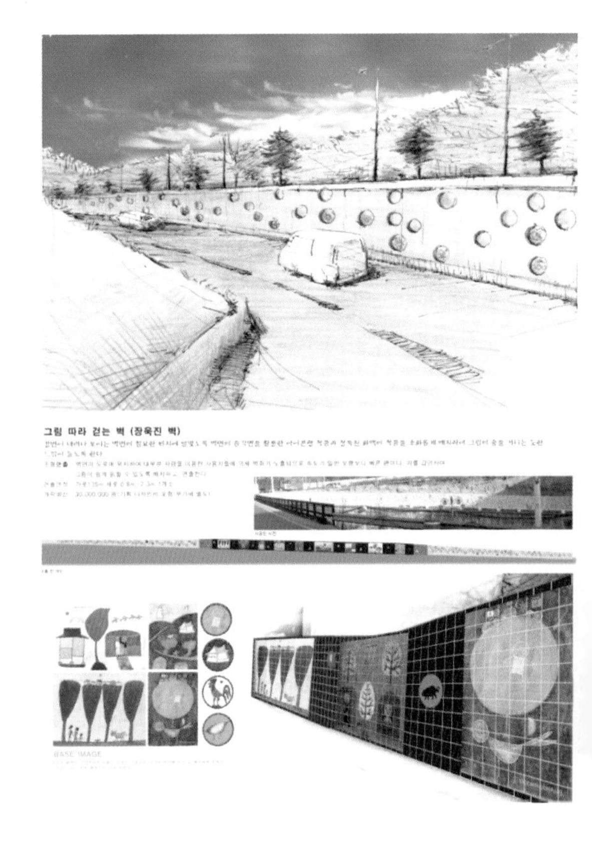

초안 스케치와 계획안.

도 보행로의 확충과 시각적 연속성의 확보를 큰 방향으로 설정하였다.

신설 도로의 옹벽에 설치된 장욱진 그림벽은 지금까지와는 다른 접근 방법으로 디자인되었다. 예산은 도로 개설을 담당한 건설 회사에서 가로의 경관 개선을 위해 지원해주기로 약속이 된 상태였다.

처음에는 당연히 저렴하고 화려한 표현 방법인 벽화 등으로 고민하였으나, 벽화는 오염에 약하고 주변 경관의 연속성을 저해하는 경우가 많아 피하자는 것으로 의견이 모아졌다.

작은 원으로 처리한 부조의 리듬감에 장욱진 화백의 그림들이 담겨 있다.

그에 따라 기본적인 디자인은 옹벽에 그림을 그린다는 개념보다 부조 형태의 구조와 리듬감으로서, 시각적인 안정감을 주면서 변화를 유도하고자 했다. 그러한 고민 중에 한국을 대표하는 서양 화가 고 장욱진 화백의 후손으로부터 시의 공공 디자인 개선을 위해 화백의 그림을 사용해도 좋다는 연락이 디자인과로 왔다. 장욱진 화백의 작품은 아동화와 같은 천진난만한 캐릭터를 조형적 스토리로 풀어간 작품이 많았으며, 개성적인 표현 기법과 간결한 필치로 국내외에서 이름 높았다. 가로의 디자인에 있어서도 화려하지 않으면서 즐거움을 주는 그의 작품성이 개성적인 가로와 잘 조화를 이룰 수 있을 것으로 생각되었다.

우선 작품 중에서 대표적인 작품의 색채와 디자인을 활용하여 기본 디자인안을 제작하였다. 소재는 타일로 하여 오랜 시간이 지나도 퇴색하지 않도록 하였다. 기본적인 실시 디자인과 제작은 풍부한 경험을 가진 공공 조형 단체에서 맡았으며, 시작부터 끝까지 꼼꼼히 마무리해 주었다. 도시 디자인에서는 디자인이 그 아무리 훌륭하더라도 실시 단계의 시공에서 그것을 구현하지 못하면 아무런 의미가 없다. 겉으로는 비슷해 보이는데, 자세히 살펴보면 흉내만 내고 이음과 절단, 외부 도장 처리와 연결부 처리 등이 미흡하여 2, 3년도 못되어 흉물이 되고 재시공해야 하는 경우가 많다. 지금은 대다수 공사를 입찰로 발주하고 있지만, 훌륭한 시공 회사를 만나는 것은 좋은 디자인을 하는 것만큼 중요하여 제도적인 보완이 필요한 실정이다.

이 옹벽 역시 새로 신설되는 곳인데다가, 옹벽 사이의 연결 부분이 완전히 건조되지 않아 실제 제작에는 많은 난관이 있었으나, 꼼꼼한 시공으로 그것을 해결할 수 있었다.

이를 통해 수변의 외곽 도로 일부에 재미있는 그림으로 이어진 쾌적한 공간이 조성되었다. 좁은 도로이기는 하지만 지날 때마다 장욱진 화백의 즐거운 상상이 이어져 있어 시각적인 즐거움을 전해준다. 그러나 이러한 공간이 지나치게 많아지는 것도 유의해야 한다. 좋은 것은 시각적인 리듬이 필요한 곳에 적절히 가미되어야 그 효과가 발휘되며, 과도한 적용은 오히려 공간을 식상하게 만든다.

이러한 가로의 열악함을 해소하고 연속성과 리듬감을 살리는 것은 살아 있는 가로를 만드는 효과적인 방법이다.

표정 연출

지역의 곳곳에 있는 보행자를 위한 도로는 항상 열악한 상황이지만, 특히 고가도로 밑인, 흔히 토끼굴이라 불리는 곳들은 보행의 불편뿐만 아니라 항상 범죄의 위험에도 노출된 곳이다.

자동차를 위해 사람이 피해가도록 하면서 전혀 보행에 대한 것은 신경을 쓰지 않던 이전의 가로 디자인이 만들어낸 산물들이다. 오죽하면 토끼나 다니는 길이라는 의미로 토끼굴이라 불리고 있겠는가. 남양주시도 이러한 토끼굴이 수도 없이 많으며, 우선 민원이 들어오는 곳부터 해결하고 있었다.

열악한 토끼굴의 보행 환경. 사고는 항상 일어날 준비가 된 곳에서 일어난다.

도농사거리 교차로의 토끼굴도, 당시는 토끼굴을 없애고 가교를 설치하거나 신호등을 설치하는 방안도 검토하였으나 교통량이 많아 엄두도 못 내는 상황이었다. 따라서 사람들이 안전하게 지나다니도록 기존 토끼굴의 보행 환경을 쾌적하게 조성하는 방법으로 초점이 맞추어졌다. 그렇게 수 차례 디자인안이 검토되었고, 최종적으로는 자연 소재를 활용한 매화나무길을 조성하고, 밝은 조명의 쾌적한 가로로 변경하는 안으로 정리되었다. 물론, 사람이 차를 피해 굴로 들어가는 것 자체는 불합리하지만, 현재의 상황에서는 최대한 보행자의 안전을 위

도농사거리 토끼굴
개선 후.

그나마 안전성과 쾌적함을
살릴 수 있었다(아래).

한 디자인 방법을 모색해야 했다. 지금은 매화나무길이라 부르는 이곳은 이전에 비해 안전하고 쾌적한 가로 공간이 되었다는 점에서 그 의의가 있다.

수석동의 디자인 개선도 남양주시 수변 지역의 대표적인 식당가이자 아름다운 경치가 펼쳐져 있는 마을 진입부를 쾌적하게 만들기 위해 시작되었다.

수석동은 남양주시의 서측 진입부에 자리 잡고 있으며, 북한강변의 수려한 자연 경관 속에 식당과 레스토랑이 들어서 있어 많은 방문객들이 찾아오는 곳이다. 그러나 이곳의 진입로는 갑자기 괴이한 상징 조형물이 들어서, 주변에서 눈에는 잘 띄지만 지역 이미지를 저하시키는 곳이기도 하였다. 시의 진입

수석동 진입로 이전 사진. 수변 휴게 공간이 위치하고 있는 곳이나 진입로는 어둡고 좁아 사고의 위험성이 높은 곳이다.

상징물이 지금과 같은 조형물이 되어서는 곤란하였지만, 이미 많은 예산을 들여 설치한 것이라 칠거하지도 못하고 곤란한 상황에 처해 있던 중이었다. 지역 주민들의 민원과 시 진입부 공간의 개선도 필요하여, 진입 통로의 디자인 개선 계획을 진행하게 되었다. 다른 남양주시의 사업과 마찬가지로 디자인팀 담당자들이 주민들과 몇 차례 워크숍을 하게 되었다.

이러한 협의에서 지역 주민들의 요구와 공간에 필요한 사항, 참여 방법에 대해 조율할 수 있었고, 기본적인 디자인안에 대해서도 의견을 나누었다. 디자인안은 공공 미술에 조예가 깊은 전문가에게 의뢰하여 협의를 진행하였다. 이러한 협의 과정을 통해, 차량 통행을 고려한 견고한 내벽의 구조, 방수 대책, 어

수석동의 진입로 상징물.

두운 공간의 개선, 입구 부분의 개성적인 표현, 주민들과 같이 하는 공간이라는 기본 디자인 방향이 세워졌다.

외벽에는 예산 문제도 있어 기본적으로는 방수 처리를 한 뒤에 그래픽으로 마무리하기로 했다. 진입부에는 수변의 식당에서 수거해온 병뚜껑을 사용한 개성 넘치는 디자인을 적용하였고, 그 설치 과정에서도 주민들의 적극적인 참여를 유도하였다. 굴 내부에는 주변의 자연 풍경을 재현하고 철재 프레임을 가로로 설치하여 공사 차량 등의 충격을 견딜 수 있는 구조로

진입부와 출입부의 외벽 디자인. 주변의 자연 풍경을 그렸다.

만들었다. 최근 덤프트럭 등의 충돌로 인해 프레임의 일부가 부서지기도 했으나 비교적 유지 상태가 양호한 편이다. 이제 이곳은 찾아오는 많은 방문객과 지역의 상인들은 새로운 이미지의 진입부 공간을 만나고 있다. 또한 참여를 통한 사업 진행은 후에 간판과 공간 개선 등, 다른 사업을 진행함에 있어서도 그들의 적극적인 협조를 얻을 수 있는 계기가 되었다.

우리는 이 외에도 남양주시의 많은 곳에서 이러한 열악한 가로 환경에 지역 디자인의 개념을 적용하여 개선해 왔다. 단

주변 식당에서 사용한 병뚜껑을 사용하여 견고한 그래픽을 완성했다.

지 외면의 디자인만이 아니라 시작 단계에서부터 진행한 주민들과의 철저한 협의는 제작된 디자인 하나하나를 지역의 힘으로 성장할 수 있게 하였다. 때로는 반대 의견을 강하게 주장하던 이들도 차츰 시간이 지날수록 든든한 조력자가 되는 경우도 많았다. 많은 반대는 역으로 많은 관심을 반영하기 때문이다.

수석동 디자인 토론회.
주민과 전문가들이 모여 수차례 토론을 통해 디자인안을 확정지었다(위).
시공 완료 후 지역 주민과 관계자들이 모여 마을의 발전을 위해 고사를 지냈다(아래).

가로의 연속성을 살리기 위한 활동도 곳곳에서 진행하고 있는데, 특히 신설 도로가 나면서 생기는 옹벽의 처리는 어디서나 고민거리였다. 이에 46번 국도 주변에 발생한 옹벽에는 지역 예술가의 아이디어를 참고하여, '사랑의 거리'라는 테마로 접근하게 되었다. '사랑해요'라는 인사말을 각국의 언어로 적은 글을 새기고 보행자 도로를 확충하여 자동차나 사람들이 이 거

사랑의 거리 조성 전과 후.
(사진: 남양주 시청)

리를 지나가더라도 지역의 다양한 이야기를 접할 수 있도록 하였다. 이 외의 다른 도로의 옹벽에도 공간의 특성을 살리며 거리의 매력을 높일 수 있는 다양한 방안을 구상 중이다.

자연의 일부로서의 도로로

도시는 이동 노선에 따라 연속적인 경관의 이미지를 볼 수 있다. 이동 노선은 노선 주변의 외양에 매우 큰 영향을 미치며, 교통의 기능을 넘어 건축과 도시의 순환 체계 및 이미지라는 혈액을 공급하는 공급선의 역

86번 국지도의 경관 디자인 계획안. 자연 속으로 도로를 넣은 콘셉트를 적용하였다.

할을 한다.

가로는 도시 이미지의 확산과 유입의 통로 역할을 하기 때문에 도시경계를 넘어 얼마나 명확한 동선을 가지고 있는가라는 점이 중요하며, 도로의 인상과 방향을 물적 관계와 잘 조화시켜 나가야 한다. 즉, 외부 시점에서의 도시 이미지와 구역과 구역의 경계 부분의 처리, 가로 주변의 인상, 도시에서 노선을 볼 때 등의 종합적인 관점에서 경관 체계를 잘 정리하면 중, 원경에서의 잘 정리된 형태와 이미지를 구축할 수 있다.

자연 지형과 노선과의 관계는 특징적인 경관 형성에 중요하며, 노선에서의 시선 흐름을 고려하여 연출된 다양한 풍광은 시각적인 흥미와 긴장감 등을 불러일으킨다. 즉, 지형의 특징과 시선의 움직임을 고려해 도로의 방향을 정하고 형태를 적용하여 미묘한 가로 경관을 연출한다. 노선의 강약, 노선의 장단점을 파악하고 수정의 가능성을 열어두는 것이다. 특히, 목적지를 알기 쉽게 하기 위해 진입 노선의 디자인을 명확히 하고, 간선은 도로 패턴과의 연계성, 형태의 명확성과 도시 경관과의 관계, 건축물 형태 및 지구 진출입의 특성이 디자인되어야 한다.

노선의 부속 시설의 디자인은 가로 특성과의 명확한 관계 설정이 중요하며, 간선의 경우 대다수 자연과의 관계가 중요시되므로 자연 경관의 연속성을 저해하지 않는 정도로 주목성과 유목성을 강조한다. 주요 교통과 도로 주변 건축물과의 관계를 검토할 필요가 있으며, 밀도를 고려한 가로의 규모, 목적지 또는 진출입 관계, 도로 패턴의 명확성, 지구의 규모와의 연관성 등에 대한 검토도 중요하다.

도시의 체계를 디자인함에 있어서도 도로 – 지구 – 경계 – 랜드마크 – 결절점 등과 같은 골격을 명확히 구성하면, 도시의 어디에 중점을 둘 것인가, 무엇을 부각시킬 것인가, 크기와 밀도의 적절성은 어느 정도인가가 분명해진다. 여기에 도시 경관의 가치와 의미를 더해 도시 전체의 이미지가 설계된다. 남양주시의 가로 디자인에서도 이러한 원칙을 중심으로 가로마다의 연속성과 그 결절부의 특징을 부여하여, 지구마다 개성적인 가로 경관 형성을 지향점으로 설정했다. 그러나 현실에서의 실천에는 늘 어려움이 따른다.

남양주시의 도로 경관의 개선은 주로 도로 담당 부서에서 진행하고 있었다. 그러나 기존 토목 부서에서는 도로 경관 디자인을 건축 회사나 설계 회사에 거의 일임하고 있던 터라, 특별히 지역의 차별화된 디자인 개념을 적용하거나 매력적인 가로 경관을 기대하기는 어려운 실정이었다. 또한, 도로공사 측에서도 도로 경관에 대한 대략적인 디자인안을 만들지만 대다

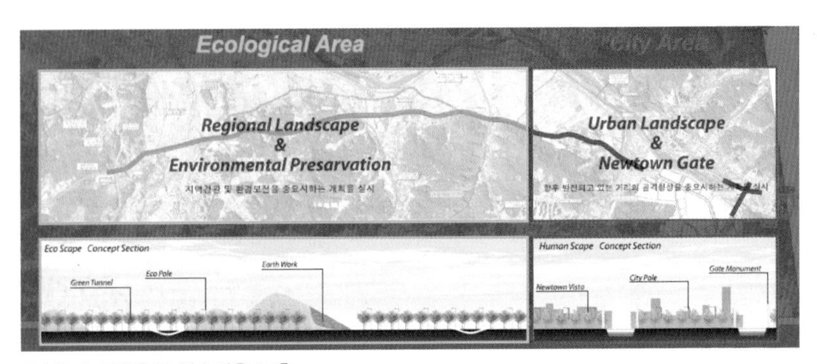

도시축과 전원축의 연속성을 구축.

수 형식적인 것에 그쳤고, 예산 문제도 있어 새로운 공간적 접근을 꺼리는 경우가 많았다.

진접 택지 지구가 개발되면서 새로 개설될 86번 국지도의 디자인에 대한 협의가 들어왔을 때, 우리는 지금까지의 외곽 도로와는 달리 지형과 조망을 고려한 경관 디자인 개념을 적용한 도로를 만들어보기로 했다. 주된 디자인은 국외의 역량 있는 디자인 회사에 의뢰했다. 처음에는 국내 공모를 통해 진행하는 방안도 고려했으나, 실력이 어느 정도 검증된 기관에서 가로 디자인의 기본적인 틀을 우선 잡기로 하였다. 전체적인 계획의 총괄은 내가 맡아 진행 과정에서 발생하는 문제를 단계적으로 조절했다.

우선 국지도 주변의 자연 환경과 주거지 등의 환경 특성

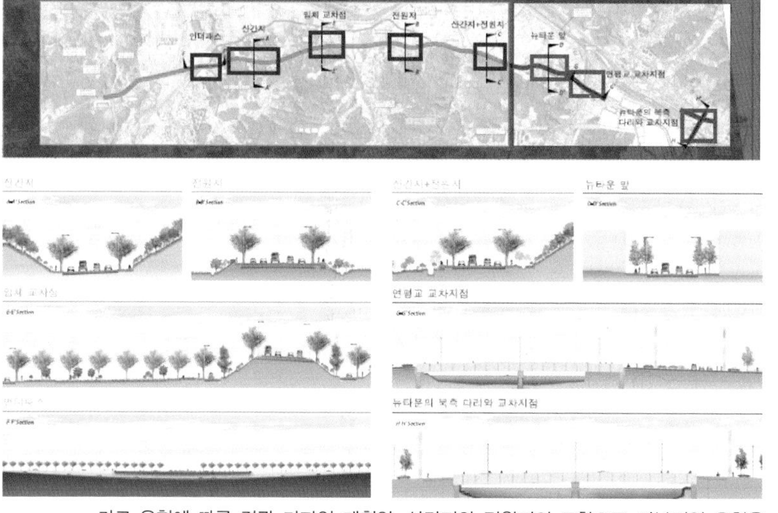

가로 유형에 따른 경관 디자인 계획안. 산간지와 전원지의 조합으로 기본적인 유형을 나누고, 도심과 교차로는 다른 계획을 적용했다

을 고려하여 자연 지구Ecological Area와 도심 지구City Area로 대상지를 분류하였다. 자연 지구는 자연 경관 및 환경 보존을 중요시하는 방향으로 잡고, 도심 지구는 향후 발전할 거리의 골격 형성을 중심으로 계획 방향을 설정했다. 이렇게 도로가 있는 주변 지역의 경관 특성을 고려하여 전체적인 방향을 설정하면, 시설물과 같은 구성 요소의 디자인도 주변과 조화시켜 나갈 수 있다.

또한, 가로의 단면을 기준으로, 주변이 산으로 둘러싸인 산간지와 성토를 통해 약간 높은 곳에 자리 잡고 주변에 산이나

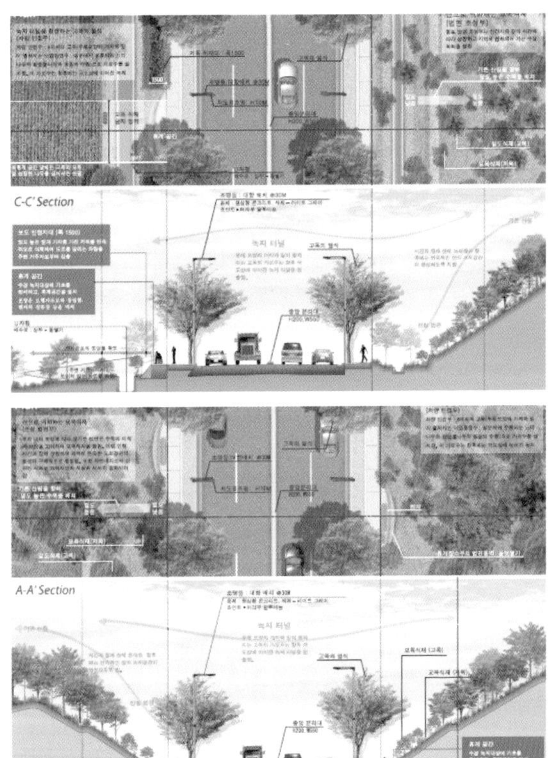

전원지와 산간지의 가로 녹지 터널 연출 계획안. 공간 특성과 조망의 흐름을 기본으로 하였다.

언덕이 없는 전원지, 산간지와 전원지가 양측면으로 있는 곳을 기본적인 구조로 하여 대상지의 유형을 분류하였나. 여기에 뉴타운이 있는 도심 지구를 추가했다. 이러한 유형에 각 도로에서의 조망 특성을 고려하여 시설물과 가로의 폭을 결정하였고, 가로등의 색채와 높이, 종류 등을 지정하여 주변과 조화되도록 하였다. 특히 도심에는 높은 수목의 비스타를 연출하였으며, 자연 산간지에서는 왕벚꽃나무와 기존에 있던 수목을 이용하여 나무가 자라면서 녹지 터널이 조성되는 방향으로 계획을 잡았다.

교차로의 랜드마크 디자인(위).
도심의 비스타 식재(아래).

이는 주변 자연에 완전히 순응하는 도로를 만드는 방법이며, 지금보다 최소 50년 후를 바라보고 만드는 계획이다. 전원지에서는 주변에서 차가 달리는 것이 보이지 않도록 하고 자연의 푸르름이 연출되도록 하였다. 전원 지대의 도로 경관이 가진 직선적 구조의 문제를 해소하고자 하는 의도다. 뉴타운에서는 2열 식재를 통해 자연의 연속성을 도심으로 가져왔다.

이러한 공간 특성에 맞추어 시설물과 바닥 포장 등의 디자인과 색채를 정했으며, 주요 결절부에는 가로의 연속성을 고려한 심플한 형태와 차분한 색채의 사인 계획을 적용하였다. 교량 등의 교차로도 자연 소재의 특성을 최대한 살려 계획했으며, 도로마다 보행자가 쉴 수 있는 공간을 마련하였다.

그 외에 교차로 등에는 녹지의 휴게 공간 기능을 부여하고 특별한 구조물로 상징성을 주는 것보다는 자연 식재의 색변화로 상징성을 살리는 디자인을 적용하였다. 일반적으로 가로 디자인의 상징성을 높이기 위해 특이한 디자인과 강렬한 색채를 사용하는 경우가 많다. 이러한 디자인의 대다수는 공간 전체의 연출 흐름을 저해하거나, 오래지 않아 싫증 나는 경우가 많다. 이번 계획에서는 지형 특성과 자연 소재를 적극적으로 활용한 계획을 통해 시간이 지날수록 주변 풍토에 순응해가는 도로를 만들고자 하였다.

언덕 절토면의 식재도 낮은 나무를 심고 위로 갈수록 높아지게 하여 이 나무가 차츰 자라나 녹지의 연속성이 구현되는 방법을 사용하였다. 이 역시 50년 후에는 자연 속을 산책하는 기분으로 이 가로를 운전할 수 있는 환경을 제공하고자 하는 것이다. 외부에서는 도로 위로 녹지가 숲으로 자연스럽게 이어져 시선이 주변 녹음으로 흘러가도록 했다.

그러나 이러한 계획안을 만들고 나서도 예산 문제와 실시 설계 기간과 다소 차이가 생겨 실제로 적용된 것은 일부분에 지나지 않았다. 관계 공사에서 예산 문제와 디자인 적용 기간의 문제를 제기하고, 시공상의 어려움을 계속 토로하여 결국 일부분에만 적용되게 된 것이다. 하지만, 이러한 가로 경관의 디자인 방법은 남양주시의 다른 신설 도로에서도 중요한 지침이 될 것으로 기대하고 있다.

한편, 도로의 일부인 도심 가로 펜스와 관련해서 시에서도 심플하고 차분한 색채의 디자인으로 된 것을 설치했으나, 새로 입주한 주민들은 기존의 복잡한 디자인으로 변경해 달라는 민원을 제기해 왔다. 결국 협의를 통해 기존안과 새로운 디자인을 조합하여 적용하게 되었지만, 시각적으로 부하를 줄이고 가로를 배려한 디자인을 적용 못하게 된 점은 지금도 아쉬움으로 남는다.

도심에 걸을 수 있는 길을 만든다

보행자가 편안히 걸을 수 있는 곳은 가고 싶은 욕구를 불러 일으킨다. 보행자의 시선과 보행을 배려한 것만으로도 가로의 수준은 높아지며, 주변을 바라볼 수 있는 여유도 생겨난다.

청계천과 같이 도심을 편안히 걸을 수 있는 공간이 생겨나면서 가로의 활기가 높아진 점이나, 요코하마의 모토마치와 같이 셋백Setback으로 보행자 도로를 확장하여 상가의 활기가 높아진 것이 대표적인 사례다. 자동차와 보행자의 관계 설정도 중요한데, 자동차가 보행자의 통행을 방해하지 않도록 하면서도 이동성을 보장하는 공존의 지혜가 필요하다. 또한 도심의 특징에 따라 보행자를 보호하기 위한 교통수단의 다양화와 가로 체계의 개선, 보행로 주변의 경관 개선이 쾌적한 보행로 형성을 위해서는 반듯이 필요하다. 볼 것이 없는 곳에, 느낌을 받을 수 없는 곳에 가고 싶은 사람은 없다.

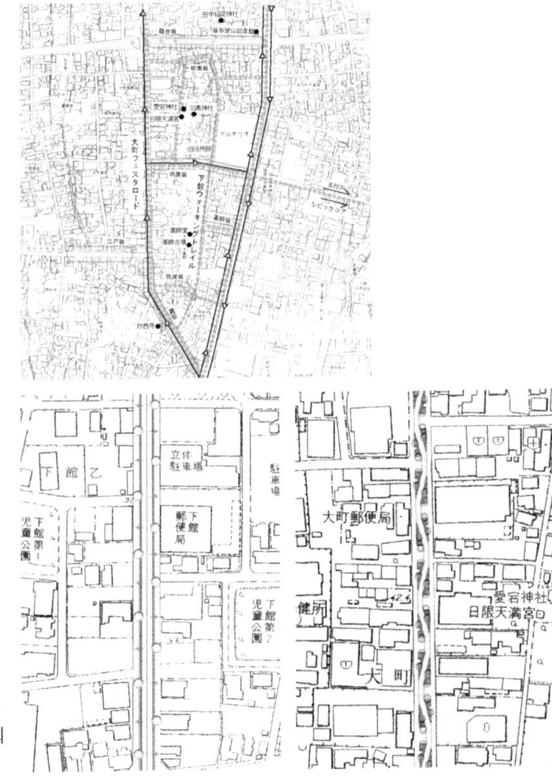

일본 시모츠마 시 중심 시가지 보행로 계획. 구역 특성을 고려하여 보행 공간의 흐름을 설계하였다.

보행자의 이동 패턴과 성격을 검토하면 보행로와 주변 디자인의 타당성이 나타난다. 즉, 보도의 폭과, 포장 재료, 비나 태양광으로부터의 보호, 쉴 수 있는 공간의 소재와 배치, 과도한 교차로의 수 등, 이동을 방해하는 요소, 사인의 디자인 등에 대한 다각적인 검토가 필요하다. 보행자와 자동차의 동선을 명확히 분리하는 것은 쾌적한 보행 공간 조성에 기본이 된다. 구역과 구역을 연결하는 보행 동선을 강화하고 중심부의 보행 공간을 살리기 위해서는 트랜싯 몰과 같이, 외곽의 주차장을 확보하고 이동 수단을 확충할 필요가 있다. 친환경 이동 수단의

일본 도쿄 세카가야 구의 도심 보행 공간.
교류와 이동의 중심이 되어 도심에 활기를 만든다.

활용은 공해를 줄이고 보행의 편의성을 높이는 수단이다.

사람들은 보행을 통해 이동과 교류를 하며, 도시의 보행 공간은 보행자의 이동과 감성, 교류 결과로서의 사회적 활동이 모이는 곳이다. 보행로는 선적인 공간이나 선 주변으로 확장되는 무한한 경관의 접점이 된다. 보행자 공간에는 보행 기능의 선형 공간과 점이나 면·점 형태의 광장적 공간이 연결된다.

보행에는 유형·무형의 목적이 있으며, 모든 행동의 기초가 된다. 쾌적한 보행 환경은 인간이 효과적으로 목적을 달성할

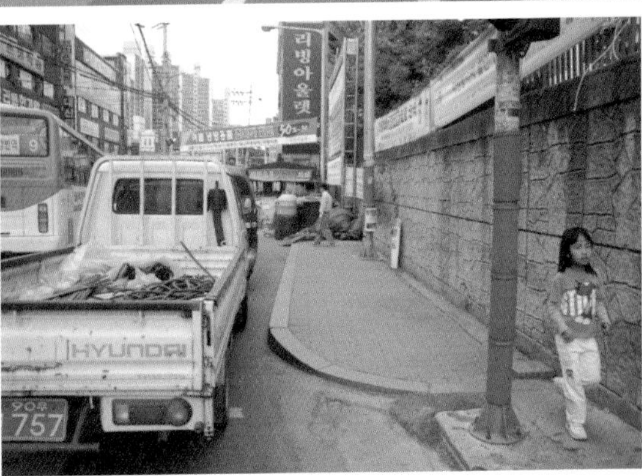

진건의 용건사거리와 초등학교 앞. 누구도 안전이나 쾌적함은 개연치 않는다.

수 있게 하지만, 보행을 방해하거나 제한하면 도시의 일상 생활에는 쾌적함이 떨어진다. 도시 공간을 디자인함에 있어 화려하고 상징적인 랜드마크를 중심으로 보는 경향도 있지만, 보차도의 단차나 문턱을 보면 그 수준을 명확히 알 수 있다. 디자인의 수준이 높을수록 단차가 완만하고, 문턱이 없어 정상인을 포함하여 노약자나 장애인, 자전거와 유모차 등, 모든 사람이 편하게 이동할 수 있는 환경이 세심하게 조성되어 있다.

상업 공간의 활성화를 위해서는 차를 이용한 이동보다, 보

진접 장현 초등학교 주변. 아동들의 보행보다 주차가 우선이다.

행자들이 쾌적하게 걸을 수 있는 차 없는 거리 등을 조성하여 상가 활성화를 꾀하고, 천천히 걸음으로써 공간의 아름다움을 느끼게 하는 배려가 필요하다.

최근 '걷고 싶은 거리', '개성적인 가로 조성' 등이 공공 디자인의 이슈가 되고 있는 것도 보행로의 사회적 중요성을 반영하는 것이며, 걷고, 보고, 즐기는 보행자 공간의 조성은 향후 도시 디자인의 중요 분야가 될 것이다. 보행자 공간은 지속적으로 이동 환경을 구축해 나가는 것이 중요하며, 특히 네트워크를 통해 연속성을 유지하여야 한다. 이 네트워크를 통해 도시 생활 기능이 하나로 모이고, 공간의 기억과 교류가 축적되고 확장되어 지역의 특성이 구축된다. 다중 보행자 공간 네트워크를 형성하는 것은 충실한 도시 체험과 이미지를 형성시키는데, 도심 산책로 네트워크, 쇼핑 공간 네트워크, 문화 네트워크 등과 같이 상하로 중첩되어 공간을 공유하거나 근접되도록 해야 한다.

이것이 보행자를 중심으로 한 가로 디자인의 기본 원칙이지만, 남양주시의 구도심에서는 걷기 편한 환경 거리가 조성되어 있는 곳은 거의 드물다. 도농도, 금곡도, 화도도, 오남과 진접도, 수동과 조안 역시, 차가 달리기에는 좋은 환경이 조성되어 있으나, 사람들이 걸어다니는 길들은 좁고, 많은 시설물과 차량, 물건들로 막혀 있으며, 사람들도 이미 그런 환경에는 익숙해진 듯 개연치 않는다.

이런 상황이 초등학교 주변이라고 별다를 것 없으며, 어른들도, 아이들도 보행의 안전은 자신이 알아서 해야 할 일이지 자신들의 당연한 권리라고 생각하지 않는다. 그것보다는 자신들의 차를 주차할 곳이 늘어나는 것을 더 선호하는 것이다. 이것을 문제라고 생각하지 않으면 걷기 편한 가로 환경은 사실 만들 의미가 없는 것이다. 그것이 남양주 구도심의 현실이며, 우리 대한민국의 많은 도심 공간이 앓고 있는 상황이다.

대상지 주변의 풍경. 조사를 함으로써 골목길이 품고 있는 가능성을 찾게 되었다.

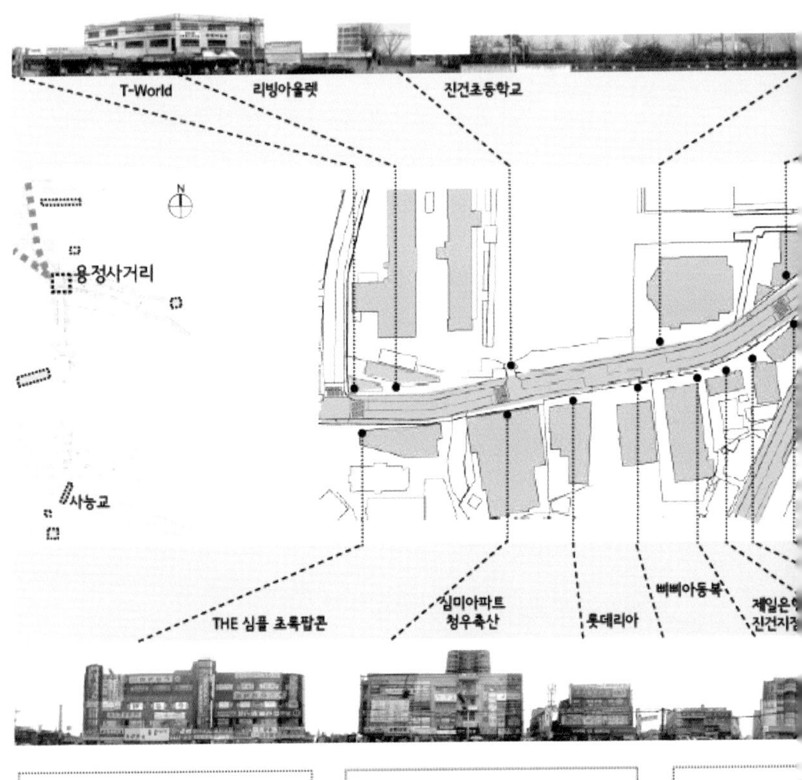

공공디자인

기존 낙후된 가로이미지를 바꾸기 위한 높은 수준의 공공시설물의 필요

아름답고 쾌적한 가로공간의 공공성 회복과 경관조성에 부합하는 공공디자인에 관한 필요사항을 규정

공공시설물의 아이덴티티 확립

특색 있는 디자인 개발을 통한 아이덴티티를 확보한다. 시민의 삶의 질을 향상시켜 지역이미지 제고를 통한 지역 경제활성화를 유도한다.

걷고 싶은 거리 만들기

공공디자인을 통한 거리혁신

토털디자인 개념으로 가로시설물 통합개선

공공디자인 표준화/위계화

가로 공공시설물에 대한 공공디자인 개발은 개발 및 진행과정, 진행목적이 일체화되어 표준화 되어야 한다. 표준화는 각 과정에서 유기적으로 통합되어 위계성을 가지고 체계화 되어야 한다.

진건프

도심 정비 및
한

지역주민
아름답고 창

공공디자

개별 공공시
결함을 극복
를 통합디자

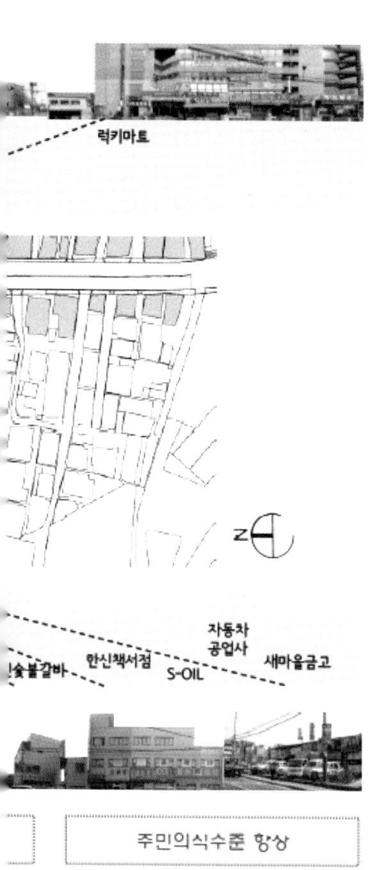
럭키마트
자동차
공업사
한신책서점
S-OIL
새마을금고
주민의식수준 향상
주민참여에 의한
도시정비 및 관리의 필요
주민이 능동적으로 참여함
으로서 미래사회를 만드는데
다양한 이해집단을 참여시킬
필요성 대두
공공디자인 이용의 활성화
공공디자인의 형태, 묘틀, 색채 등
물리적 디자인 요소 및 그 응용방안
및 이용 형태에 따른 기능성이 충족
되도록 활용방안 검토한다.

가로 입면의 연속성을 고려하여
연출 방법을 정리했다.

진건 프롬나드 계획 진행 구상.
지역과 공간에 따라
현실에 맞는 계획안을 작성했다.

문제의 공유와 쾌적한 가로의 연출로

진건은 사능과 같은 지역을 대표하는 역사적 유적이 있는 곳이며, 오랜 역사의 구도심이 있는 곳이기도 하다. 하지만 지금의 진건은 남양주시에서도 복잡한 간판과 정리되지 않은 가로 정비로 인해 가장 혼잡하고 걷기 힘든 곳으로 대변된다.

이곳에 걷기 편한 가로 환경을 조성하기 위한 조사에 착수했을 때만 해도, 도심 전체에서 역사성과 정체성을 찾아보기는 거의 힘들었다. 가로에는 두 사람이 편하게 걸을 수 있는 곳이 거의 없었고, 도시 내·외부에서 이곳을 통과하는 차들로 항상 붐비고 있었다.

우리는 사람들이 편하게 걸을 수 있는 환경을 조성하고 도심의 개성을 확대시켜나가자는 의미에서 전체 계획 명칭을 '진

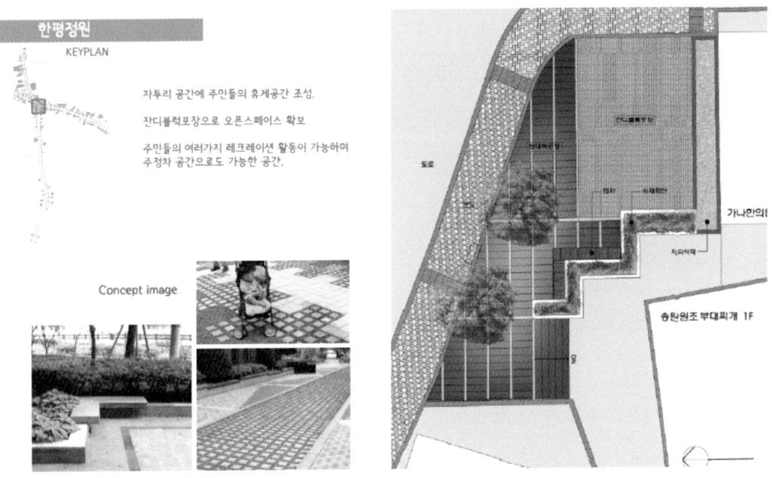

골목의 필드 조사와 디자인. 골목에 숨겨진 휴먼스케일적인 특징을 활용하여 쾌적하고 개성적인 공간을 형성한다.

건 프롬나드'로 정하고, 기본적인 조사를 진행했다.

차로 주변의 경관은 복잡하고 혼란스러운 곳이 대다수였으나, 의외로 가로의 안쪽에는 주변 전원 환경과 조화를 이룬 작은 골목들이 남아 있었다. 또한, 용정역에서 시내 사거리까지 이어진 도로는 수변이라는 조건도 있고 해서 매력적인 곳이 될 가능성도 보였다. 지금 이 거리의 모습도 싫든 좋든 우리의 현실이다. 그것을 무시하고 다른 것이 좋다고 해서 그 모습을 그대로 따라가서는 우리만의 개성은 만들어질 수 없다. 이러한 관점에서 지역의 거리 모습을 이해하고, 계획의 방향을 정하기 위해 주민들과 협의를 진행해 나갔다.

주민들 중에는 지역 발전에 관심이 있는 사람이 있는 반면, 자신이 속한 곳의 경제적인 이익만을 우선시하는 사람들도 많다. 또한, 행정과 전문가 중에서도 장기적인 경관의 형성보다

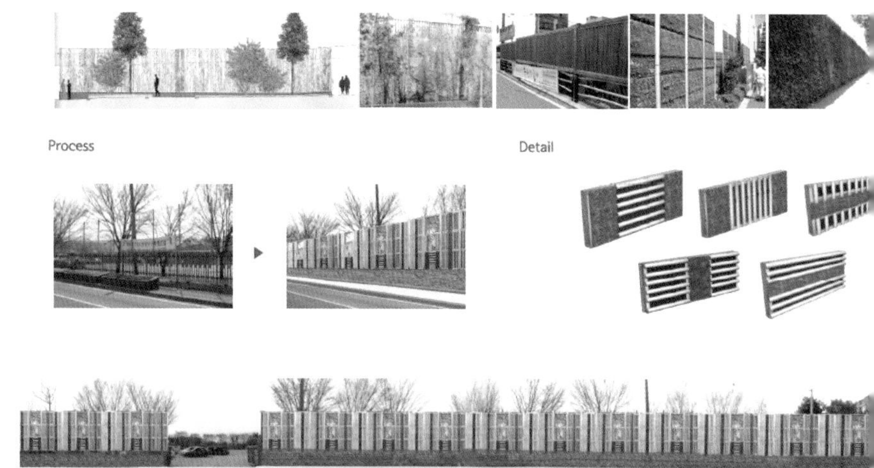

자연 소재를 활용한 외부 펜스. 시간이 지나도 성숙해지는 디자인을 적용한다.

외면적인 화려함을 지향하는 사람들도 적지 않다. 이러한 다양한 의견을 모아 지역의 디자인으로 모으는 것은 언제나 어려운 작업이다.

첫 모임에서도 주차장 문제라든지, 간판 정비에 따르는 경비 일부를 부담하는 것에 대한 거부감을 토로하기 시작했다. 전국적으로 진행되는 많은 가로의 간판 정비에서는 지자체가 공사비 전액을 책임지지만, 이는 지속성 저하라는 단점을 가지고 있다. 사람은 기본적으로 자신의 정성과 손길이 조금이라도 닿아야 관심을 쏟게 마련이다. 경비와 관련해서도 협의

오남 저수지 진입로 디자인안. 대학원생들과의 워크숍에서 제작되었다.

를 통해 주민이 일정한 책임감을 가져야 지속적인 관리가 가능하다. 디자인 협의와 관련해서도 일부 주민은 '행정에서 모두 정하고 우리에게 보고하면 되지, 왜 이런 워크숍을 하는가'라며 의문을 제기하기도 했다. 디자인 협의는 항상 지루하고 힘든 시간이지만, 이를 통해 장소의 특성과 주민의 요구에 맞는 디자인이 만들어졌을 때의 성과를 생각한다면 충분히 가치 있는 시간이다.

그러한 힘든 협의의 시간을 통해 일단 계획의 취지와 방향에 대해 어느 정도 공유를 하게 되었고, 관심이 있는 몇몇 사

장현 사거리 디자인 개선안.
주민들과 대학원생들과의 워크숍 과정을 통해 제작되었다.

람들의 동의를 얻게 되었다. 또한, 이후 관심 있는 주민들과의 연락을 주고받으며 지역 워킹그룹을 결성하게 되었다. 가로 조사에서는 현재 중심 사거리가 처한 경관 문제를 건축물과 시설물, 광고물 등으로 분류하여 파악하였다. 마찬가지로 골목 등이 지닌 가로 구조의 특성을 고려하여 기본적인 방향을 정했다.

다음으로 포장 재료와 가로등과 사인, 건축물 입면 계획 방안, 가로의 색채와 작은 골목길의 연출 방안을 차례로 정리하였다. 특히, 좁은 골목길을 고려하여 녹지를 최대한 공간에 결합하여 주변 자연 환경과의 연속성을 높이는 디자인으로 안

E-1 꿈
동네 사람들 모두가 여유를 누릴 수 있는 텃밭과 쉼터

버스정류장의 대기공간 부족과 주민의 공원에 대한 필요를 해결하고자
버스정류장 앞 부지를 통한 공원조성. 기존 나무의 활용과 각 세대를 위한 공간
주민 참여형 텃밭과 화분벽을 통한 주민 관리형 여건 조성
주변 학교와 연계한 전시 공간 활용으로 공원의 관리 주체를 남녀노소 세대 관
지역 주민에 의해 관리 되도록 조성

부평리 녹지 공간 개선안. 대학원생들의 수업을 통해 다양한 조사와 함께 진행되었다.

을 가다듬었다.

걷기 편한 가로 환경을 위해 가장 중요한 보행자 도로의 계획 방향도 정했으나, 가로변의 전신주는 어떻게 처리할지 방향을 잡지 못하고 있었다. 당시의 예산으로는 전선 지중화는 힘든 상황이었다. 물론 지중화를 하지 않고서도 개성적인 가로를 만들 방안은 얼마든지 있지만, 용정 사거리의 경우 도로 폭이 워낙 좁아 지중화를 하지 않고서는 거의 개선의 여지가 보이지 않았다. 한전과 몇 차례 협의를 했으나 금전적인 지원에 난색을 보여 협의가 난항을 겪게 되었다. 결국, 단체장의 적극적인 노력으로 지중화가 협의되었으나, 86번 국지도 계획과 마

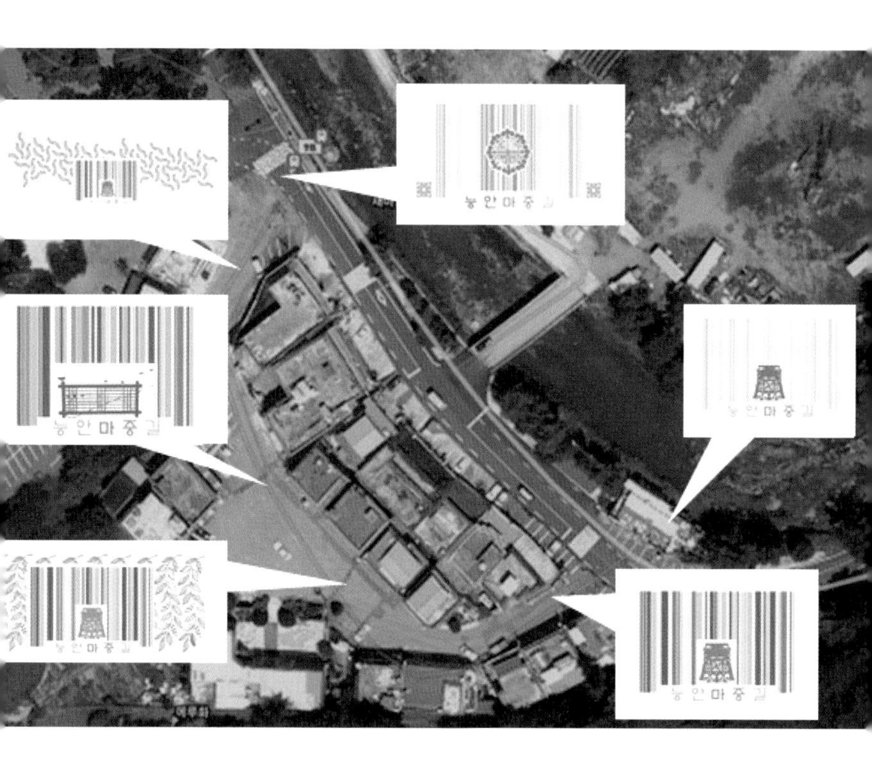

찬가지로 이익자 부담의 원칙을 고려할 때, 공사들의 보다 적극적인 자세는 항상 아쉽기만 하다.

이런 우여곡절 끝에 녹지를 작은 골목에 가져오고 쾌적한 보행 공간을 조성하기 위한 기본안은 완성되었으나, 아직까지 진건의 계획은 주민과의 협의나 계획의 진행에서 난항을 겪고 있다. 가로 전체의 디자인을 개선하는 것에 대한 반대가 만만치 않아 계획이 구체적으로 실현되고 있지 못하고 있는 것이다. 이 역시 우리 방식대로 서서히 풀어나가야 하지만, 구도심의 개성 창출은 기본적인 가로의 이미지가 잡힐 때까지는 힘이 들 수밖에 없다. 그럼에도 앞으로 이곳에서 살아갈 많은 사람들의 쾌적한 환경을 생각하면 매력적이게 만들어 나가기 위한 협의의 노력은 지속되어야 할 것이다.

진건 외에 오남과 진접도 그러하며, 남양주시의 많은 가로 디자인은 아직까지 구체적인 사업으로 진행되고 있지 못하고 있다. 행정의 예산 문제도 있고 명확한 디자인 방향이 결정되지 않은 이유도 있지만, 화도나 능내리와 같이 주민과의 협의가 원활이 진행되지 못한 원인이 더 클 것이다. 그러나 우리는 지금도 구체적인 성과를 만들기 위해 워크숍과 토론을 쉬지 않고 있으며, 공간에 적합한 가로를 위한 다양한 대안을 구상하고 있다.

예를 들어, 5일장이 있는 진접 장현리의 시장 거리에는 가변적인 가로 공간 계획을 구상하고 있으며, 광릉내라고 불리는 부평은 역사적 거리의 품격을 고려한 다양한 예술 공간의 커뮤니티를 확대하는 방안을 구상하고 있다. 또한 계획 실현을 위해 지역 리더들과의 협의를 지속적으로 진행하고 있으며, 지역마다 공공 디자인 전문가의 거점을 만들고 있다. 오남에는 오남 저수지와 지역 하천 주변의 쾌적한 가로 공간 형성을 중심으로 수변 경관 개선도 진행하고 있다.

나름대로의 방침이 다 세워지고 디자인 계획안도 만들어졌지만, 그 실행 과정에는 끊임없는 '인내심'과 장소 상황에 맞추어 원칙을 풀어나가기 위한 '유연성'이 요구된다. 또한, 지역 리더들의 지원과 커뮤니티 형성에 대해서도 항상 끈을 놓지 않고 의견을 나누어야 한다.

그러나 우리는 서둘지 않는다. 3년 동안 쌓인 경험 속에서 마음을 열고 최선을 다해 다가가면 같이 할 많은 사람들이 나타나고, 마음 놓고 걸을 수 있는 거리와 매력적인 지역 경관을 만들어나갈 기회는 분명히 온다는 것을 알고 있기 때문이다. 또한, 그것이 지금부터 향후 3년 동안 해나가야 할 우리의 과제가 될 것이다.

가로 디자인의 수법

가로 공간의 디자인은 가로 주변의 장소성과 경관 특성을 고려해야 한다. 이를 위해서는 그 기반이 되는 풍토와 지형, 문화, 생활 방식, 커뮤니티 구성 등에 대한 고유한 특성을 파악하고, 장소성과 정체성, 쾌적한 기능성 등을 검토가 요구된다. 가로의 형태와 체계를 파악하기 위해 가로를 대로나 번화가, 간선 도로, 이면 도로, 골목길, 가로수길, 수변길 등, 경관 특성에 따른 유형으로 분류하는 방법이 효과적이다.

도로는 자연 발생적으로 형성된 곳도 있지만, 대다수 도로는 가로 골격 속에서 계획되어 장기적으로 성숙해가는 곳이 많다. 따라서, 가로의 디자인 방법은 시간이 필요한 접근법과 즉각적인 디자인으로 구분할 수 있다. 특히, 시간이 필요한 디자인은 나무 성장의 속도, 사회적 요구와 경관 문맥의 관계성, 수준 높은 조형적 표현, 소재와 디자인이 공간에 적합한지 등과 같이 조형적·의미적으로 지속적인 성장 단계를 고려한 디자인 계획이 필요하다.

가로 공간의 디자인에서 사람과 자동차의 척도에 대한 검토도 중요하며, 가로폭원과 구성을 결정하기 위해서는 토지 이용, 교통 및 가로 조건의 파악, 차량 영역과 보행자 영역 중간의 접촉면, 소유자의 파악 등이 필요하다.

차도부는 차선으로 이루어진 차도와 그 밖의 영역으로 구분된다. 차도에서는 포장의 디자인이 중요하며, 원활한 주행을 위한 재질과 균일한 색조, 시각적 연속성을 확보할 필요가 있다. 가로의 형태를 직선형으로 할지, 곡선으로 할지를 정하는 데 있어 차량의 속도와 보행자 이용 정도가 중요한 기준이 된다. 그리고 그 형태와 소재에서 도로마다의 개성을 담을 수 있다. 가급적 지역의 소재와 주변 풍경을 부각시키는 형태의 접근이 효과적이다.

보행자 공간은 인간을 위한 공간으로 인간 척도에 부합한 크기와 관계, 공간 형태가 설정된다. 따라서, 공간의 설계는 휴먼스케일에 대한 이해가 필요하며, 기본적으로 척도, 기준, 계량 표준, 평가 기준과 규모, 크기, 길이, 치수가 필요하다. 전자는 척도로, 후자는 스케일로 정의된다. 스케일의 기본인 휴먼스케일은 인체 치수나 인간 행동 반경, 가시거리 등을 기준으로 적합한 최적의 스케일을 의미한다. 지역 가로 디자인에 있어 인간 행동과 지각의 관련성은 휴먼스케일의 기준, 도시 내 생활 환경에 따라 거리와 공간 규모의 설정이 달라진다.

그러나 이 모든 기준은 지역에서 가로가 가지는 가치와 사람들이 일상적으로 이용하는 행태에 의해 결정된다는 것을 잊지 말아야 한다.

창조적인 도시 공간 디자인

이 석 현

도시에 있어 '창조성'이란 무엇인가.

'일반'이란 애매한 범주의 시민들에게 맞추는 전체주의적인 것인가. 창조성과 개성은 과연 다수결로 판단할 수 있는 것인가. 한 인간의 고결한 창조적 행위에 대해 창조성을 판단할 수 있는 기준이란 무엇인가. 공간에서는 어떤 것을 창조성을 판단하는 잣대로 둘 것인가.

창조의 과정은 분명 느리고, 점진적이며, 익명으로, 집단적으로 이루어지는 것일 수 있다. 그러나 그러한 집단주의적 이상의 추구는 사회라는 거대한 구조 체계와 기준의 확립에는 유용할 지라도, 그것이 결정적으로 현재의 필요를 충족시키며 과거의 아름다움을 파괴하는 것에 대한 정당한 이유일 수는 없다. 시대의 기준을 수용하는 것만이 최선의 논리라는 것은 문제가 있다.

한 개인기존의 구조가 가진 공간 해석에 대한 새로운 방향을 제시하고자 하는의 의지가 발현되어 새로운 시점을 제시하지 않는다면 창조의 꽃이 피어나기는 힘들다. 그들의 돌연변이적 유전자와 시각이 우리에게는 익숙하지 않으나, 폭넓은 확장성과 창조의 흐름을 이끄는 것이다. 이것은 개인주의와 유사한 점이 있으나, 시대의 선도

적 역할을 한다는 점에서는 다소 차이가 있다.

문제는 그러한 새로운 것에 대해 얼마나 많은 사람들이 공감하는가라는 점이다. 디자이너들이 사람들의 요구와 조건에만 갇혀 새로운 시도를 하지 못하는 분위기에서, 내지는 그러한 시도를 억압하는 집단주의적 평가 속에서 과연 창조라는 돌연변이가 생겨날 수 있을까? 사회가 도전적인 개척 정신에 존엄성을 갖는 것, 이러한 조건을 태동시킬 다양함에 대한 사회적 인지가 바로 그러한 창조적 디자인의 근간이 되는 것이다.

그럼, 공간의 디자이너는 무엇을 위해, 무엇으로 창조적인 작업을 행하는 것일까?

- 공간의 요구 조건에 대한 이해 아래 디자인의 통일성과 공간 전체를 구성하는 관점과 철학.
- 그리고 그것이 지향하는 명확한 방향성.
- 새로운 것과 익숙하지 않는 것에 대해 조형적인 틀을 제시하려는 의지.
- 공간을 향유하는 사람들에 대한 풍부한 이해.

나는 이것이 창조적 디자인을 위한 디자이너의 기본적인 관점이자 자세라고 생각한다.

창조적인 공간의 디자인이 장소와의 관계가 결여된 물리적인 형상과 시설의 설치만으로 이루어진다고 생각한다면, 그것처럼 큰 오산은 없다. 창조에 관한 표현에 있어서, 제작자나 기획자의 의지는 텍스트로 표현할 수 있다. 그러나 그것이 어휘로는 전달될지라도 공간에 대한 가치와 공감으로 이어지기는 어려우며, 그 전까지는 창조를 표방한 단순한 자기 주장에 불과하다.

많은 디자이너들과 기획자들은 새로운 디자인을 제시하면서 기존과는 다른 장소성, 자연과의 조화, 역사성 등으로 개념을 정리하고 형상을 만들고 있다. 그러나 그러한 작업의 대다수는 이미 이루어져 있거나, 다른 것들의 모방 내지는 조합의 변형에 지나지 않는 경우가 많다. 그러한 복제에 대해 부정적인 경우가 대다수이지만, 그와 관련된 사례를 간단히 정리하는 것만으로도 이러한 주장에 얼마나 설득력이 있는지는 누구나 쉽게 알 수 있을 것이다. 이것을 인정하는 것부터가 우리가 시작해야 할 개념 정리의 출발점이다.

공간에 있어 창조란, 무엇인가에 새로운 가치와 질서를 부여하는 작업이다. 지금까지 알고 있던 무엇인가에 새로운 의미를 부여하고 정리하는 작업이기에, 스스로 알고 있든, 또는 모르고 있든 간에 시대성과 장소성은 항상 수반된다. 또한, 뛰어난 창조적 디자이너에 의해 만들어진 건축물과 시설물, 공간, 조형물들이 공간에 울려 퍼지는 감동과 새로운 자극을 전달하기까지는 눈에 보이는 결과물보다 더 오랜 시간과 축적된 노력이 요구된다. 그러나 대중이라는 익명의 감상자들이 그러한 결과물을 평가하는 시간은 아주 순간적이며, 일상이라는 생활 공간 속에서는 반복적인 접촉을 통해 그 의미가 새롭게 변형되고 확산되기까지 한다.

디자이너가 하나의 디자인을 만들어내기까지는 자신에게 오랫동안 축적된 경험과 손에 의한 디테일한 선적 표현, 공간의 가치를 형상으로 구축하는 과정을 거친다. 거기에 새로운 장소와의 관계를 통해 다음으로 이어지는 가치를 부여하는 무형의 과정이 포함된다. 이것은 이전에 제작된 작품으로부터 이어지는 연속적인 가치의 계승이 될 수도 있고, 때로는 작가의 성향이 그 공간이 요구하는 조건과 유사하여 조화로운 결과로 이어질 수도 있다. 그러나 그 역시 사람과 장소의 상호 교류 속에 새로운 가치를 공간에 부여하고자 하는 노력의 결실임은 부정할 수 없는 사실이다.

그러기에 실제로 단시간에 이루어지는 창조적 디자인이란 표면적이라고 말할 수밖에 없다. 그것은 고대 그리스의 인간 중심적인 공간 디자인 개념이 수천 년의 시간 속에서 끊임 없이 변형, 재생되고 복원되는 과정을 반복하여 시대와 장소라는 가치 속에서 새로운 의미를 부여받아 왔다는 사실에서도 어렵지 않게 알 수 있는 것이다.

사회적 다수와 대변인들은 대다수의 공적인 디자인과 건축 등에 대해 심의 제도와 자문 제도라는 것을 통해 디자인을 검열하고자 한다. 이것은 때로는 수준 낮은 디자인과 불필요한 시도에 대한 제어 장치를 하는 효과적인 측면이 있는 반면, 디자인의 창조 과정에서 진행된 많은 시도와 실험을 사전검토 없는 외형적인 결과물물론 이것조차도 아주 개인 선호에 치우친 경우가 많다. 또는 특정 목적에 의해 조정되는 경우도 적지 않다로 판단하는 경우가 많다. 전체에 대한 이해보다는 실제로는 현실을 과도하게 포장한 개별적인 디자인 이미지에 현혹되는 경우가 많아, 창조적인 실험 자체를 단편적으로 평가할 우려도 크다.

이러한 상황에서 디자이너의 창의성이 발현될 공간은 아주 협소하며, 더욱이 여기에 길들여진 대중 선호의 분위기로 인해 평가자의 구미에 맞는 획일적인 경향으로 정리되어 버리는 경우가 허다하다. 결과적으로는 모험을 통한 '창의적 위험성'의 길을 선택하지 않게 되는 것이다. 문제는 공공 공간에 생겨나는 이러한 문제에 대한 책임은 결국 공간에서 살아가는 사람들이 환경 저하라는 대가로 치러야 한다는 것이다.

심의 과정에서는 작품의 진정한 가치를 가려내는 안목이 요구된다. 이러한 배타적인 검열 시스템이 낳는 구조적인 문제는 참여를 확대함으로써 조정할 수 있다. 물론, 많은 대중이 선호한다고 해서 그것이 창조적이거나 훌륭한 디자인이 된다는 보장은 없다. 그보다는 많은 사람들이 가치와 의미를 찾아나갈 기회가 확대되는 것이다. 예를 들면, 배심원 제도가 가진 결점을 단적으로 결론짓기보다는, 확장성과 다양성의 이점을 수용하여 시민 의식과 전문가의 수준을 향상하도록 하고 제도를 개선해 나가는 방식과 유사하다. 디자인의 창조성은 결국 사람의 의식이 만드는 것이다. 그 디자인의 과정에 많은 사람을 참여시키는 것은, 어설픈 심판의 개인적 소견보다 디자인에 대한 책임감을 공유한다는 측면에서 훨씬 폭넓은 수확을 가져오게끔 보장한다.

공간의 디자인은 누구의 감성을 대변하거나 특정 이미지를 알리는 것으로 감동을 자아내는 홍보 수단이 아니다. 창조에는 '새로움'이라는 명예와 함께 '위험'이라는 대가가 항상 따라 다닌다. 그리고 기본적인 과정을 거친다고 모든 디자인이 다 똑같은 창조적 작품이 되는 것은 아니니다.

'창조적'이라는 수식어가 붙을 수 있기 위해서는 몇 가지 특징이 있어야 한다. 그것은 디자이너의 창조적인 사고와 관점, 공간에 대한 사명감, 이것을 현실적인 조형성으로 구현할 표현 능력이다. 결국, 디자인도, 건축도 예술이란 점을 항상 유의하여야 한다. 특정한 아이콘과 유행이 주는 상징주의의 산물과 특혜에 기대지 말라는 것이다.

이 시대가 요구하는 도시 디자인의 방향은 무엇일까? 물론, 많은 역사학자와 건축가, 디자이너가 제기한 이 화두에 대한 명확한 해답을 이 시대에서는 찾기 힘들 수도 있다. 그러나 분명한 것이 하나 있다. 우리가 발 딛고 있는 이 시대는 과거와 끊임 없이 연계된 미래를 위한 현재에 있으며, 이는 도시의 디자인에서도 공간에 대한 통합적 시각이 요구됨과 동시에 시간, 즉 과정과 역사에 대한 시점이 요구된다는 것이다. 조형적 불만족을 공간의 적합성으로 접근해 들어가야 한다는 이야기다. 20세기의 다양한 건축과 도시의 실험에서, 공간이 결코 인간의 감성과 분리되어서는 안 된다는 것은 그 무엇보다 소중한 교훈이다.

20세기의 건축과 디자인이 혁신과 선동적 구호와 같은 뚜렷한 대표적 사상, 주의로 정의할 수 있는 시대적인 흐름에 의해 전개되었다면, 21세기는 통합과 다양성의 시대이며 이는 다양성과 복합성의 끊임 없는 유기적 관계를 필요로 한다. 사람들은 건축과 디자인에 있어 끊임 없는 불평을 한다. 더 자극적이기를, 더 편리하기를, 더 새롭기를, 더 차별화되기를. 그러나 그러한 다양한 불평을 조금이라도 충족시킬 수 있는 작품은 손에 꼽을 정도다. 기능성과 조형성이라는 기본적인 미적 원칙에 대해서도 시대의 발달, 정보의 발전으로 인해 이제 웬만한 구조와 기호가 아니고서는 그들의 욕구를 채울 수가 없다.

게다가 사람들은 이전보다 스스로의 의사 표현에 단순히 침묵하고 있지만은 않으며, 인터넷과 같은 다양한 매체와 다양한 커뮤니티를 통한 표출 구조로 확대되고 있다. 전 세계는 경제라는 틀 안에서 국경을 무너뜨리고 있으며, 국가와 민족보다는 생존을 위한 통합적 사회 체제의 다양성을 더욱 선호하고 있다. 한국에서 생산된 TV와 휴대전화를 전 세계의 소비자가 이용하고, 미국의 컴퓨터 OS가 전 세계의 컴퓨터 신경 회로를 장악하고 있으며, 일본의 디지털 카메라가 전 세계를 누비고 다니듯, 이미 시장은 국경의 범위를 넘어서 단일 통합 시스템으로 움직이고 있다.

문화와 예술도 자국의 독자성을 주장하면서도 다른 문화의 흡수와 통합은 자연스럽게 진행되고 있으며, 심지어 한국의 김치를 일본의 어린이들은 한국 것인지 일본 것인지 모를 정도로 소리 없이 세계화는 진행되고 있다. 뉴욕, 도쿄, 파리와 같은 세계적 대도시들은 자국의 대표 도시를 넘어 문화와 경제의 집합체로서의 세계 도시를 지향하며, 다양한 문화와 자본을 흡수하며 덩치를 키우고 있는 것이다. G2, G7, G20이라는 경제 규모를 기준으로 한 영향력 있는 대표 조직을 만들었고, EC나 FTA도 다 그러한 맥락의 일환으로 진행되는 일련의 현상이다. 이러한 압도적인 시대 사조가 흩어지고 다양한 문화와 공동체의 영향력이 커지는 모순된 거대 경제 체제는 새로운 시대에 심화를 이끌어나갈 창의성과 지속성에 기반을 둔 디자인의 시대 정신을 요구하고 있는 것이다.

여기서 우리는 창조성과 관련해 다양성을 수용하는 관용과 사람의 존재 가치를 존중하는 감성, 인간과 자연을 어루만지는 생명에 대해 다시금 주목할 필요가 있다.

21세기는 대중의 시대이며, 다양성의 시대다. 한 문화가 모든 가치를 이끄는 전체주의적 관점은 이미 세계화 속에서 스스로의 경쟁력을 잃게 하고 고립되게 하여 생존의 좀비 문화를 야기시키게 된다는 것이 증명되었다. 이미 많은 사람들이 자신은 빈민층보다 중산층에 속한다고 여기며 다양한 문화와 정보를 향유하고자 하는 욕구로 충만한 시대다. 특정 문화의 우월성으로 다른 문화와 차별화된 가치를 만들어나가는 시대는 지난 것이다. 그 속에서는 스스로가 가진 미美의 존중, 다른 사람과 그룹의 아이덴티티를 수용하는 관용의 정신은 필수적이며, 공간 디자인에 있어서도 자신만이 가진 가치와 그를 통한 자긍심의 고취, 다른 문화의 이해는 지극히 당연한 것이다.

오늘 회자되는 스캔들이 저녁 무렵이면 인터넷의 가상 공간에서 무수한 논의가 진행되고, 인터넷의 여론이 국민을 순식간에 모이게 할 정도의 대중 정보 공유력이 커진 시대적 상황도 이러한 요구를 가속화시킨다. 이러한 시대에 극단과 배타는 스스로의 고립과 생명력의 단축을 의미한다. 관용과 다양성의 인정, 스스로가 지닌 가치의 이해만이 새로운 시대를 이끌 도시 디자인의 이념이 되어야 하는 이유다.

또한, 여기서의 관용은 사람과 사람 관계의 관용을 의미하는 것은 아니다. 모든 개체가 생물의 유기적인 연관성을 가지고 있는 것과 마찬가지로, 사람은 자연과 공생하지 않고서는 이미 존재 가치를 이어나갈 수 없다. 환경 오염 문제가 사람만의 문제가 아니라 인류의 생존을 좌지우지하게 된 최근 상황에서, 인간은 형식과 내용, 소재에서 작은 벌레와 동물, 식물 등과 같이 조화롭게 살 수 있는 환경을 만들지 않으면 안 되는 시대가 심화된 것이다. 이것이 21세기 '상생의 시대'를 이끌어나갈 디자인 이념의 배경이 되는 것이다.

국내의 많은 대도시와 같이, 디자인 도시를 표방하면서도 장소성이 결여된 고층 공동 주택의 오브제만을 양산하는 기형화된 기능주의적 미학은 이러한 도시 창조성에 대한 의문을 크게 한다. 파리 시내를 60동의 건축물로 대체하고 밀어버리고자 했던 르 코르뷔지에의 '부아쟁 계획Plan Voisin'과 같은 도발을 우리의 많은 도시들은 너무나도 쉽게 구현해나가고 있는 것은 아닐까?

이러한 도시 공간의 확대가 주는 흉물스런 획일화에 대해서는 많은 도시들에서 실효성이 없고 감성의 상실만 가져온다는 것이 이미 검증되었다. 그러나 이러한 장소의 특성에 대한 논쟁은 중국의 풍경화 기법에만 눈을 돌린 미학에 대해 진경산수라는 우리의 풍경을 담아내고자 했던 정선이 활약했던 조선시대에도 있었고, 르 코르뷔지에를 비롯한 유럽의 건축 거장의 미학에 길들여진 미국의 건축 문화에 대해 미국의 거리 풍경이 가진 아름다움을 찾고자 했던 로버트 벤추리와 제인 제이콥스가 활약했던 시대에도 있었다. 장소가 가진 자연스런 매력을 담는 것만으로도 사람들에게 얼마나 평온함과 아름다움을 가져올 수 있는가에 대한 논의는 어제 오늘의 일이 아니며 앞으로도 지속적으로 부딪혀나가야 하는 과제인 것이다. 그리고 그 종결점은 스스로가 가진 문화와 디자인 코드에 대한 자긍심으로 나아가야 한다는 것이다.

창조에 있어 중요한 것은 눈과 손이다. 새로움을 느끼는 오감, 그리고 그것을 보는 눈, 만지고 만드는 손인 것이다. 시각은 인식과 인지로 이어진다. 무엇을 보고 어떻게 느끼는가에 따라 무엇이 만들어질 것인가가 결정되는 것이다. 누군가에게는 지저분해 보이는 오래된 상가 간판이 누군가에게는 그 시대와 삶의 축적을 알리는 아름다움이 되기도 하며, 가로에 늘어선 전신주가 시골길에서는 한적한 조명을 비추며 달을 살짝 가려주는 아름다운 풍경의 일부가 되기도 한다.

우리에게 있어 개체의 고정된 이미지란 것이 차지하는 비율은 30%가 넘지 못하며, 이미지는 장소와 시간에 따라 변화한다. 우리에게 붉은색이 주는 이미지의 변화만 보더라도 그 변화를 알 수 있다. 반공이 국시였던 1980년대 초반까지 공산당, 사회주의를 대표하는 붉은색에 대한 사회적인 거부감을 조성하는 교육 풍토와 문화가 장악하던 시대에서 2002년 월드컵을 기점으로 한국과 서울을 대표하는 색으로 이미지가 전환한 것을 보자. 노동 계급을 대표하던 블루진이 최근 유행과 자유를 표방하는 패션의 트랜드로 바뀌는 것에서도 시대의 문화와 이미지가 사회의 흐름에 따라, 또는 정치의 성향에 따라 변할 수 있다는 것을 어렵지 않게 파악할 수 있다. 눈을 뜨고 시대의 흐름을 보면 디자인의 가치와 문화의 지향성이 보이게 된다.

사람은 자신이 사는 공간에 대한 경험과 기억을 쌓게 되고 이것은 행동 패턴을 유발한다. 사람은 어떻게 이렇게 복잡한 시간과 공간의 변화를 집약시키고, 행동 패턴으로 반응하는 것일까? 이는 정보량의 매트릭스화로 이해하면 간단하다. 물론 간단한 것은 이해의 범위만을 이야기하는 것이다. 특정 정보에 대한 선호도, 상징과 네크워크로 정보를 이미지로 집약시키는 것이다. 신호를 계속 보내면 특정 반응을 보이게 되는 파블로프의 강아지 실험과 같이, 인간도 지속적인 정보 신호에 대한 일정한 행동양식을 보이고 이것이 습관화되면 행동 패턴으로 발전하게 된다.

인간의 시각이 1초에 많은 빛의 투과와 반사를 반복하고 조절하는 속에서 자극에 대한 시각 의식의 반응을 보이는 생물학적 행동 패턴에 비하면 훨씬 수월한 수식이다. 그 수많은 천재들이 모여 인간이 빛을 해독하는 능력을 재현하고자 해도, 유아 수준의 인지력을 갖춘 혼다의 아시모 로봇 정도인 것이 현실인 것을 보면, 인간의 행동 패턴 양식의 정보 축적 능력과 상징 이미지를 고정화시키는 무의식의 능력은 대단한 것이다.

이러한 인지를 도시의 이미지의 해석으로 가져온 것은 1960년에 발표된 케빈 린치의 〈도시의 이미지〉에서 제시된 행동 패턴과 도시 특성 덕분이다. 도시 구조와 요소를 텍스트로 인식하는 방식이다. 물론 여기서는 기억에 대한 경험적 추론이 필요하다. 결론적으로 도시의 이미지는 관계성이 집적된 산물인 것이다. 공동체의 의식 구조 속에 남아 있는. 이것을 '마음의 지도'라고도 이야기한다.

우리는 공간을 눈으로 파악하지만 공간 그 자체는 단순한 구조체이고 그것에 의미와 가치를 부여하는 것은 인간이다. 사람의 의식이 없이는 공간의 가치도, 존재도 있을 수 없다. 유기체에 대한 신호와 정보가 의미 있는 정보인가, 의미 없는 것인가를 의식이 판단하고 반응하도록 하는 것이다. 결국, 도시의 구조 정보도 하나의 신호체계다. 짧은 시간 속에서 눈과 신경은 그것을 계속 수집하고 분석한다.

여기서 우리는 왜 도시 공간에 시각적인 자극에만 집중하면 안 되는가를 이해할 수 있다. '도시의 이미지'는 결국 공간 구조에 대한에 사람의 의식에 대한 반응이다. 이 반응은 다양한 형태로 나타나지만, 대체적으로 사람들은 상상력과 감성이라는 의식의 활기와, 풍토와 관련된 안정감을 동시에 만족시킬 구조를 선호하게 된다. 자극적이기만 한 시각 신호는 자극의 만족 이후로는 타성이 되어버리고, 더한 자극이 있지 않는 한 지루함으로 이어진다. 이미 시각에서 욕구를 만족시켜버려, 의식이 개입할 수 있는 여지를 한정시켜 버린다.

TV를 오래 보다 보면 현실의 시간 감각이 둔해지는 것과 같이, 스스로 움직일 수 있는 생각의 여백을 메워버려 고립화를 가속시키게 되는 것이다. 적절한 지루함과 적절한 자극, 즉 통일성과 리듬감, 사람들과의 소통과 활기를 통해 공간에 대한 기억을 축적시킬 수 있는 공간을 가진 도시가 매력적인 이유가 여기에 있다. 그러기에 수많은 유명 건축가들이 이탈리아에서 보이는 광장의 활기에 미친 듯이 환호를 보내는 것인가 보다.

여기서 케빈 린치의 말을 상기해보자.

“결국 우리에게 필요한 것은 단순히 잘 조직되기만 한 도시가 아니라 때로는 시적이고 때로는 상징이 충만한, 그런 도시다.”

이는 우리에게 개개인과 그들이 직면한 도시상을 보여줌과 동시에 그 도시 자체가 가진 욕망과 역사, 문화 그리고 자연을 표출해야 한다는 것을 이야기하는 것이며, 이것들이 반영된 명확한 구조와 생생한 아이덴티티가 도시의 상징화를 시작하는 첫 단추가 된다는 것이다. 바로 생명력이 충만한 도시가 감성을 키우고 삶의 만족도를 높이는 공간이 되는 것이다. 현대 도시 디자인의 핵심인 창조 도시 이론에서 참여와 소통을 통한 사람의 감성을 담는 공간 디자인이 중요시되는 이유를 여기서 알 수 있다.

또한, 다른 곳에서 너희는 이러이러해 라고 이야기하더라도, 더 이상 그에 속지 말고 자신의 가치에 대해 찾을 수 있어야 한다. ‘도시라는 생명체에 인간과 자연의 이야기를 담고 관계를 맺고 각 개체를 적절한 신호 체계로 전체를 구성해 나가는 것’이 창조적 도시의 디자인이고, 긍지는 이것의 생명력을 전달하는 핏줄과 같은 역할을 한다.

그리고 디자인 창조의 주체는 바로 이 글을 읽고 있거나 여러분들의 눈에 보이고 기억되는 사람들이며, 대상은 그 사람들이 보이는 풍경인 것이다.

BRIDGE 전문가의 역할

이 석 현

3년 전, 내가 남양주시와 조우했을 당시만 해도 이렇게까지 지역의 디자인에 밀착해서 활동할 수 있을 것이라고는 나 스스로도 생각지 못했다. 당시에는 디자인과도 없었고, 생소한 사람들과 행정 구조, 낯선 장소를 보며 이 도시는 정말 갑갑한 곳이라는 탄식만 내뱉었던 기억이 생생하다.

당시 여성 관련 부서의 팀장이었으며 지금 도시디자인계획

지역 답사. 행정 담당자와 주민들을 데리고 항상 교육을 다닌다.
하도 많이 다녀 그 동네 주민들은 내가 가이드라고 생각하는 사람들도 많을 것이다.

팀장으로 있던 담당자와 전역을 함께 돌아보았다. 곳곳에 들쑥날쑥 세워져 있는 지주 간판과 건물을 뒤덮고 있는 희귀한 문구들, 전통 건물 앞의 화려한 야자수, 한 사람이 걷기도 힘든 보행로에 설치된 화단, 행정의 각종 안내 플래카드, 좁은 교차로에 거대하게 들어선 광고판, 무질서한 사람들과 개성이라고는 찾기 힘든 마을들 등, 7년 간 외국을 떠돌다 돌아온 나에게는 모든 것이 불합리하게만 보이는 풍경들이었다.

그리고 잠시 동안의 시간이 흐른 뒤, 시의 디자인과 관련된 워크숍과 자문을 해나가면서, 이러한 열악한 상황 속에서도 서양풍의 예식장 뒤에 감추어진 홍유능과 같은 유서 깊은 역사 자원과 광릉과 같은 수려한 역사 문화 공간의 존재를 차츰 발견하게 되었다. 행정 내부에서는 경관 동아리를 만들어 경관에 대한 관심을 높여나가고 있던 개방적이며 활기 넘치는 사람들도 만나게 되었다. 또한, 전문가의 자유로운 활동을 적극적으로 보장해주며 강연 시간에는 바쁜 일정에도 자리를 비우지 않고 시민들의 지루한 이야기를 귀담아 듣는 지자체의 단체장도 만나게 되었다. 그러한 과정 속에서 조금씩 남양주시를 알아가고 곳곳에 감추어진 매력을 발견하게 되면서, 지금과 같은 디자인 방향을 그릴 수 있었는지도 모르겠다. 풍경에 감동을 받았다기보다는 그곳에 살고 있는 사람들이 가진 매력의 발견으로부터 구상을 시작한 것이다.

그 후, 2007년 9월에 도시디자인과가 생기고 우리는 본격적으로 각종 디자인 사업을 전개해나가기 시작하였다. 이전에 배워왔던 이론적 지식과 경험을 살려 우리에게 맞는 도시를 만들어나가기 위한 원칙들을 많은 사람들과의 만남의 과정 속에서 만들어가기 시작했다. 형식적인 참여보다는 주민들과 같이 호흡하며 내면의 디자인에 대한 의식을 만든 후, 외면의 디자인을 구현하는 방식은 어쩌면 이러한 방식을 받아들일 준비가 된 사람들이 있었기에 가능했던 것이라 생각된다. 또한 그때가 그것을 해나갈 최적의 시간이었을 것이다.

그 이후로는 자문 과정에서도 '이러한 디자인을 하세요'보다는 '이러한 것을 하지 마세요'가 많아졌고, 완전히 행정의 입장도 아닌, 그렇다고 주민의 입장도 아닌 중간자의 입장에서 디자인의 과정과 결과를 조율하는 역할을 주로 하게 되었다. 대다수의 디자인 교육도 맡았으며, 주민 협의 때는 낮에 가서 술도 자주 마셨던 기억이 난다. 때로는 이기주의가 심해 회의가

진접 장현 마을에서 진행된 주민과 학생들의 지역 조사.

진행되기 어려울 때는 과감하게 밀어 붙이기도 했고, 디자인 및 시공 회사들과 실랑이를 벌인 적도 적지 않았다. 그러면서 조금씩 나의 역할은 무엇일까라는 것에 대한 의문이 생기게 되었다. 오래 지나지 않아 워킹그룹 사람들과 발표회 이후의 뒤풀이 자리에서 자연스럽게 그 답을 찾게 되었다.

내가 전문가로서 해야 할 일은, 남양주 사람들이 좋은 환경으로 건너갈 수 있도록 사뿐히 즈려 밟고 건널 수 있는 다리 역할을 해야 한다는 것이었다. 또한, '나는 고정된 주체가 아닌 투명 인간과 같이 사람들이 스쳐 지나갈 수 있도록 길을 열어주는 사람이다'라는 점을 명확히 이해하게 되었다.

도시 디자인에 있어 주인은 주민이며, 행정도 주민의 일부다. 그러나 전문가의 역할도 중요하다. 지역 사람들은 자신들의 문제점을 잘 알고 있더라고 그것을 어떻게 풀어나가야 할지에 대한 기술적인 지식이 부족한 경우가 많다. 또한, 행정 내부에서도 수많은 디자인 사업을 전개해 나가는 데 있어 기술적인 면 외에, 진행 방식과 눈에 보이거나 또는 눈에 보이지 않는 장벽에 부딪혔을 때 해결 방법에 목말라하는 경우도 많다.

지자체 담당자들 대부분은 순환 보직으로 인해 길게는 3년, 짧게는 1년만에 부서가 바뀌어 새로운 직책을 맡게 되었을 때는 그만큼 전문성에 대한 어려움을 겪기 때문이다. 많은 사람들이 모여서 진행해야 하는 도시 디자인 사업의 특성상 충돌과 협의는 항상 친구와 같이 여겨야 하며, 행정 내부의 힘만으로 해결할 수 없는 부분이 많다. 그때 훌륭한 전문가의 인프라 구축은 이러한 난관을 원활하게 극복해가도록 하는 윤활유가 된다. 그러나 어떤 경우에는 전문가의 불필요한 조언이 사업 진행에 지장이 되기도 하고, 때로는 과도한 요구로 인해 사업비가 증가하는 경우가 생기기도 한다. 그래도 전문가의 조언 없이 진행되는 상황과 비교한다면 그 정도는 충분히 감수할 수 있는 수준이라 생각된다.

전문가는 권위도 요구되지만, 도시 디자인과 관련해서는 어떻게 시민의 입장에서 생각할 것인가를 더욱 고민해야 한다고 생각한다. 그러기 위해서는 어려운 말보다는 쉬운 용어를 사용하기 위해 노력해야 하며, 자신의 이야기보다는 그들의 이야기를 경청하는 자세가 필요하다. 이는 주민과 행정이 각자의 역할을 충실히 할 수 있도록 조율하기 위해서 그들이 마음을 열도록 편하게 다가서야 한다는 의미다. 결국 그러한 원만한 조율은 최선의 디자인을 이끌고 그것이 지속적인 지역의 공간 문화로 이어질 수 있도록 하는 보조적 힘이 된다.

그리고 또 하나 전문가들이 자유롭게 활동할 수 있는 행정 내부의 분위기와 운영 시스템도 매우 중요하다. 남양주시에는 디자인 분야 외에도 조경과 건축 분야, 도시 계획 등의 다양한 분야에 훌륭한 전문가가 있다. 남양주시가 현재와 같은 디자인으로 개선되어 올 수 있었던 데에는 그들의 조언과 협력이 밑거름이 되었기 때문이라고 생각된다.

그러한 전문가의 의욕적이고 자유로운 활동을 위해서는 단체장의 의지가 매우 중요하다. 단체장이 디자인의 구체적인 내용까지 세세하게 지시하게 되면 행정 담당자와 전문가의 활동 범위는 매우 줄어든다. 반면 너무 내용에 대한 지식이 없을 때에는 사업의 큰 틀을 구상할 수 없게 된다. 다행히 남양주시의 단체장은 정책 자문 시스템을 적절히 운영하여, 전문가들이 제도적으로 디자인과 관련된 검토를 면밀하게 할 수 있었다. 디자인 행정에 있어서도, 종적인 조직 형태에서 횡적인 형태로 구성하여, 각 부서 간에 협조와 협의가 가능한 큰 틀을 짜주었던 것이다. 주민들에게는 디자인 검토 시에 전문가와 행정 담당자만 배석하는 것이 아닌, 주민 대표와 워킹그룹, 지역에 관심을 가진 다양한 사람들이 자유롭게 참여할 수 있도록 하여 소통의 분위기를 확산시켜 주었다.

물론, 많은 사람이 참여하는 것은 그만큼 많은 충돌을 야기시키기도 한다. 시에서도 초창기에는 발표회 때마다 해당 사업과 관계 없는 민원의 성토장이 되기도 하고, 지역 이기주의가 만연하여 행정이 추진하고자 하는 사업에 무조건적인 제동을 거는 일도 많았다. 심지어 펜스 디자인을 선정하는 것을 두고 다른 곳과 같은 크고 화려한 것을 요구하며, 새로운 디자인을 거부하던 일까지 있었다. 그러나 그러한 모든 것이 과정이다.

이전의 관료적인 사업 진행 방식이 일반적이었을 때, 소통의 부족으로 인해 행정에 대한 거부감이 그만큼 컸고 자신과 남을 완연히 분리시켜내던 것이 익숙해져 있는 것에 원인이 있기도 하다. 우리는 3년 간의 과정을 통해, 이전보다는 자유로운 협의 방법을 터득하게 되었고 더 집요하게 대화를 하고자 하였다. 그 결과, 주민 중에는 뜻을 같이 하는 조력자가 많이 늘어나 있는 상황이 되었다.

지금도 여전히 협의를 이루는 시간은 지루하고 의견을 모으는 것은 힘들며, 이야기가 잘 끝나더라도 실천하는 과정에서는 소외되어버리는 일도 일상 다반사다. 그러나 단기적으로 안 되는 문제는 장기적으로 풀면 되고, 기존의 방식으로 안 되는 일은 새로운 참여 방식을 고민하면 된다. 중요한 것은 우리가 무엇을 할 수 있는가이고, 내가 그들에게 어떤 힘이 되는가다. 추진하는 주체가 있으면, 지역 디자인의 힘은 죽지 않는다.

도시의 디자인은 몇 명이 할 수 있는 사업이 아니며, 또한 단기간에 되는 것은 더더욱 아니다. 사업 특성에 맞는 다양한 전문 지식과 기술이 필요한 경우가 많고, 각 영역에서 사람들이 각자의 역할에 맞는 활동을 할 수 있도록 조율하는 사람이 반드시 필요하다. 이를 통해 공적 영역과 사적 영역에서 사람들이 각자의 역할을 충실히 수행하고, 그것이 무형의 힘을 구

진건 프롬나드 주민 토론회.
행정과 주민의 협의를 원활하게 하는 것이 전문가의 역할일 것이다.

축하고 유형의 형태로 드러날 때 지역의 디자인은 서서히 구현되는 것이다. 그런 측면에서는 마치 한 편의 영화를 만드는 것과 유사하다고 할 수 있다. 다른 점이 있다면 돈을 내고 구경하는 사람이 없다는 것과 시나리오대로 되지 않는다는 것이 있지만 말이다.

우리는 여전히 걸음마 단계이고 도시 디자인을 삶의 스타일로 만들어가기까지는 아직 수많은 시간과 시행착오가 필요할 것이다. 지금은 행정과 주민, 전문가끼리 소통이 그나마 잘 되고 있는 편이라고 생각하지만, 이것이 언제까지 잘 된다는 보장은 없다. 행정의 리더가 바뀔 수도 있고 나도 여기를 떠날 때가 올 것이며, 주민들의 리더도 바뀌어 익숙한 환경이 없어지고 새롭게 시작할 시기가 올 수도 있다. 그때를 대비해서라도 이러한 협의 시스템이 지역 문화로 뿌리내릴 수 있도록 하고, 더 훌륭한 조력자를 시의 업무와 많이 관련시키는 것이 조율자의 역할이 아닐까? 그것이 내가 디자인해야 할, 지역을 살아나가는 사람들의 삶의 방식이고 지역의 디자인이며, 도시 디자이너로서 내가 해나가야 할 역할일 것이다.

마치며 – 우리의 새로운 과제

좋은 사람들

이제 3년 반 정도가 지났다. 별로 한 것도 없는 것 같았는데, 정리해보니 생각보다 많은 일들을 진행했었고 크고 작은 성과를 이루었다고 생각된다. 나 개인적으로도 남양주시의 도시 디자인 업무에 이렇게 참여할 수 있었던 것은 큰 즐거움이며 긍지다.

한 지역의 도시 디자인의 관리와 계획에, 행정 담당자도 아니고 주민도 아닌 전문가의 입장에서 지속적으로 참여한다는 것은 쉬운 일이 아니며, 그런 점에서 스스로 운이 좋았다고 생각된다. 또한 다른 지자체에서도 많은 사람들을 만나왔지만 이렇게 의리 있고 진득한 사람들이 모여 있는 곳은 드물다는 생각이 든다. 남양주라는 도시를 알아가는 것만큼 심지 굳고 정이 깊은 많은 사람들을 만나고, 지역을 자식처럼 아끼고 키우는 훌륭한 사람들도 알게 되었다.

특히, 시의 단체장과 디자인과의 담당자들, 경관 동아리 시절부터 워킹그룹까지 함께 했던 많은 행정 담당자들, 각 마을의 이장님들과 워킹그룹의 멤버들, 이종휘 작가님과 이구영 소장님, 박찬국 소장님, 일본 GK 미나미 사장님과 박연선 교수님, 조광휘 교수님과 남양주 마을 만들기 사업을 훌륭하게 이끄신 조치웅 교수님과 같은 훌륭하신 전문가들, 지역의 디자인에 대해 같이 고민해주고 자신들의 자리에서 묵묵히 실천하고 계신 많은 분들, 그리고 실행이 안 되더라도 남양주시에 대한 다양한 아이디어를 제시해준 대학원 학생들, 마을의 상인분들과 남양주시에서 자신의 일처럼 많은 사업들을 추진해온 기업의 전문가들 등, 그들을 알아온 것이 곧 도시를 조금씩 더 알아온 과정이라는 생각이 든다. 결국, 도시라는 것은 사람들의 삶의 표출이고, 내가 디자인하고자 하는 것은 그 사람들의 삶이 녹아들어간 3차원의 공간이며, 나는 여전히 그들을 위한 종이고 다리라고 생각한다.

끝났다고 생각하면 다시 시작하는 것이 모든 일의 법칙인가 보다. 3년간 우리가 해 온 작은 성과들과 함께 여전히 우리는 많은 과제를 안고 있으며, 지금은 향후 3년간 해야 할 일들의 방향을 고민하고 있다. 절친한 요코하마 시 도시 디자인국의 구니요시 씨는 항상 '내가 40년 동안 한 부서에서 도시 디자인 업무를 해 온 것은 단지 운이 좋았기 때문'이라고 한다. 3년만에 그만둘 수도 있었고 중간에 해고될 위험도 있었고 다른 부서로 갈 위기도 있었으나, 무작정 이렇게 밀고온 것이 지금의 자리에 있게 한 힘이자 운인 것 같다고 항상 이야기한다.

그렇다. 사실 우리가 이렇게 만나고참고로 여기서 우리는 특정한 우리를 지칭하는 말이 아니다. 도시디자인팀 멤버일 수도 있고, 도시 디자인 사업을 같이 고민하는 불특정 다수를 의미한다 길지 않은 기간이지만 어려운 과정에서도 같이 일을 해 온 것만 해도 우리는 운이 너무 좋다고 생각한다. 첫 만남에서 포럼을 끝내고 나가는 길에 그 담당자와 우연히 만나지만 않았더라도 여기까지 오지는 않았을 것이다. 중간에 여러 가지 어려운 상황이 많이 있었으나, 서로가 가진 단점보다는 같이 해

나갈 수 있는 장점만 보고 온 것도 큰 역할을 했다고 본다.

누구나 그렇지 않은가? 도시나 사람이나 약점도 있고 장점도 있으며, 약점만 보려면 약점만 보이지만 가능성을 염두에 두고 장점을 보면 장점이 부각된다. 우리는 이 정도이니까, 우리는 가진 것이 없으니까, 우리가 해보았자라는 생각을 지배적이었다면, 우리의 성과가 지금 수준의 두 배가 되었더라도 만족하거나 기뻐하지 못했을 것이다. 그런 점에서, 결실은 어려운 과정 속에서 원칙을 세우며 스스로의 역할을 자연스럽게 찾아온 과정에서 생겨났다고 나는 생각한다.

100을 지향하고 70에 만족한다

가끔 정말 하고자 했던 사업이 잘 안 되고 중요한 국가 공모에서 떨어졌을 때, 나는 이렇게 이야기한다. 100을 생각했다면 70만 해도 훌륭하지 않느냐고, 다 해버리면 그 다음에 할 것이 없으니까 다시 새로운 70을 향해 나아가고, 만일 실패했더라도 처음부터 실패가 두려워 도전도 안 하고 아무것도 없는 것보다 70이 가진 성과는 얼마나 큰가에 대해 이야기한다.

이 책에서 쓴 내용들은 우리가 해 온 일들의 아주 일부분이며 이보다 실패한 경우가 더 많았다. 여기서 다른 부서와 같이 진행한 디자인 사업은 다루지 않았지만 생각한 것보다 좋지 않은 결과도 많았다. 아니 솔직히 생각한 것과는 전혀 다른 방향으로 간 것도 많다. 주민 참여에 관해서도 디자인팀 담당자들이 끊임 없이 피드백을 하고 워크숍을 열고, 협의를 해도 결코 귀를 열지 않는 사람들도 여전히 많았으며, 부서 간에도 이해가 달라 디자인 협의가 원활히 이루어지지 않는 경우가 허다했다.

많은 지자체와 연구 단체에서 주민 참여에 대해 많은 자료와 연구 성과가 나오고 있지만, 실제로 그 현장에 한 번 부딪쳐 보라. 행정과 주민, 전문가가 말처럼 쉽게 협의하고 책에 나온 방법대로 서로를 잘 이해하고 공동의 목표를 위해 열심히 나아갈 것 같은가. 그렇게 생각한다면, 그것은 정말 큰 오해라고 말해주고 싶다.

책에 나온 내용처럼 주민 참여의 과정은 그렇게 달콤하거나 원활하지 않으며, 그렇다고 끝이 있는 것도 아니다. 책에 쓸 내용보다 쓸 수 없는 내용들이 그 안에 더 많이 들어 있기 때문이다. 결국은 사람 문제다. 기계적으로 다른 곳에서 성공한 방법으로 차곡차곡 적용해서 모든 일이 순조롭게 되면 좋겠지만, 다른 장소, 다른 사람들이 모여 있는 곳에서는 항상 새로운 과제가 생겨난다. 그렇기 때문에 우리는 우리만의 방법을 찾아내어야 하고 그 안에서 충실히 자신의 역할을 수행하고 같이 할 수 있는 많은 사람들을 만들어내어야 하는 것이다.

'우리의 디자인은 우리가 결정한다'라는 원칙은 그러한 과정에서 만들어진 것이다. 그렇기 때문에 원칙은 있으나 완전히 고정된 특별한 원칙은 없다고 할 수 있으며, 굳이 있다면 '할 수 있는 데까지 하고 그 다음은 그 다음에 생각한다. 그리고 같이 한다' 정도일까? 그렇기 때문에 열심히 하더라도 많은 욕심을 내지 말아야 하는 것이다. 100을 생각하면 70정도로, 그리고 그 다음을 생각하고 길게 갈 일은 길게, 짧은 성과가 필요한 일은 짧게 가는 것이다. 성과가 너무 없어도 오래 일을 할 수 없으니까.

다양한 소통을 위하여

모든 도시 디자인 사안에 대해, 많은 사람들과 토론을 통해 진행하고 싶은 마음은 굴뚝 같아도 항상 생각처럼 되지는 않는다. 실제로 우리가 사업을 진행하며 만나고 토론한 사람들만 해도 수많은 시 인구의 천분의 일이 채 될까?

지역에는 나름대로의 삶을 충실히 살아가는 다양한 사람들이 있다. 삶에서 기쁨과 슬픔, 환희와 좌절이 있어도 정해진 시간과 공간 안에서 나름대로 선택과 결과에 따라 최선을 다해온 많은 개인과 그러한 개인이 모인 많은 커뮤니티가 있다. 누가 행복하고 누가 불행한지, 누가 위고 누가 아래인지에, 누가 우리의 테두리 안에 있고 누가 남인가는 특정 상황에 따른 기준일 뿐이며, 기본적으로 도시의 공간은 그들의 다양한 삶을 지지하는 '넉넉한 그릇'이 되어야 한다. 악하면 악한대로 선하면 선한 대로, 다른 사람들을 위하여 무엇인가 하고 싶은 사람이 있는가 하면, 산속에서 자신의 세계에 몰두하고 싶은 사람도 있다. 그들 모두가 도시의 디자인 사업에 참여할 필요는 없다. 우리 모두는 그냥 그렇게, 자신의 삶을 최선을 다해 살아가는 존재다.

자신과 같이 무엇을 하지 않는다고 해서, 그들이 다른 것을 한다고 해서 그들이 특별히 나쁘거나 이기적인 것은 아니다. 단지 생각의 차이일 뿐이다. 생각의 차이가 있다는 것은 그 자체로 얼마나 훌륭한 것인가. 남양주시의 도시도 각각 나름대로의 이름이 있듯이 나름대로의 사람들이 살고 나름대로의 특징이 있다. 그들 모두를 한 가지 생각으로 모으려 하고 한 가지 방향으로 디자인하려는 생각 자체에 문제가 있는 것이다. 그렇게 생각하기 시작하면 소통이 시작될 수 있다.

우리는 많은 사업 속에서 많은 사람들과 갈등을 겪으며 협의를 해 왔고, 워킹그룹이라는 훌륭한 유령 집단도 만들어 내었다. 그리고 많은 디자인을 검토하고 계획해 오면서 우리의 다양성을 이어주는 무엇인가를 찾아내어야 한다는 것을 알게 되었다. 공존할 공간을 찾아내야 했고 그 기준이 필요했는데, 그것이 사람과 자연이라는 것을 이해하게 되었다. 아이러니하게도 우리가 그렇게밖에 할 수 없었던 것은, 우리에게 그것이 가장 중요한 자산이었기도 하지만 그것밖에는 우리가 살릴 수 있는 것이 별로 없었기 때문이기도 했다. 도시의 디자인은 조건 속에서 만들어진다. 조건이 상황을 만들고 상황을 넘기 위해 디자인 수법이 만들어지는 것인데 우리에게는 주어진 조건에 맞는 최고의 방법이 '소통'이었던 것이다.

3년간 우리는 소통을 하기 위한 기본적인 이해와 준비를 했고, 이제 새로운 3년 동안 또 다른 소통의 방식을 찾아나가야 한다. 아마 쉽고 자연스럽게 그 시기는 우리에게 올 것이고, 우리는 새로운 시행착오를 거쳐 그 방법을 이해하게 될 것이다.

내가 아닌 우리를 위해 –
백 년을 기다리는 디자인을

디자인의 외적 정착은 사람을 통해 이루어지지만, 사람이 바뀌더라도 디자인에 대한 개념이 지속적으로 전달되기 위해서는 시스템과 메커니즘이 필요하다. 그리고 최종적으로는 '우리 사는 곳에서는 이렇게 디자인을 해야 한다'라는 식으로 사람들 의식 속에 자리 잡도록 하는 것이다.

전철에서 노약자석에 학생이 앉아 있고 바로 앞에 칠순의 할머니가 서 있으면 당연히 자리를 양보하는 것과 같은 자연스러운 '문화'를 만드는 것이다. 이런 디자인 사고가 지역의 문화가 되고 10년, 20년을 거쳐 전파되면, 그 지역이 행정 구역의 변경이나 갑작스런 대규모 개발로 인한 커뮤니티 붕괴와 같은 특별한 외부의 개입을 겪지 않는 한, 디자인이 융화된 지역에서의 삶의 방식이 형성되게 된다. 아름다운 도시를 살아가는 방식이다.

우리의 향후 과제가 바로 이 지속 가능한 시스템이다. 지금의 단체장이 바뀌고, 디자인팀의 멤버가 교체되고, 나와 다른 전문가들로 바뀌더라도, 시대의 흐름에 좌우되지 않고 유지해 나갈 독자적인 운영 체계가 필요한 것이다. 다른 지자체에서도 열심히 해나가던 곳이 행정 담당자나 단체장의 교체로 인해 커뮤니티와의 연결 고리나 사업의 지속성이 약화되어, 담당자들이 닥쳐오는 사업에 허덕이다 다른 부서로 옮겨가기를 기다리고 있는 상황을 너무나 많이 봐왔기 때문이다.

그렇게 해서는 도시의 디자인은 단지 일시적인 전시 행정의 사업이 될 수밖에 없다. 당연히 눈에 띄는 형태와 구조만 선호하게 되고, 장기적인 사업보다 단기적인 사업을 선호하고, 협의보다는 일방적으로 추진하는 전시적 사업 형태가 많아져 주민들과의 공감은 약해진다. 항상 화려한 축제를 디자인으로 착각하거나, 독특한 랜드마크를 선호하여 정체성이 없어지고 디자인의 질서가 사라지는 도시들의 일반적인 패턴이다.

도시는 우리만 살다가 없어지는 일시적인 테마파크가 아니다. 우리의 아들딸이, 그리고 그들의 아들딸이 살아나갈 삶의 터전이며, 그 후손들도 여기에서 살아나갈 것이다. 그렇기 때문에 우리는 적어도 백 년 이상을 바라보고 도시의 디자인을 고민해야 하는 것이다. 역사가 그 아무리 다양한 변화를 통해 발전한다 하더라도 이런 일시적인 유행 변화로 도시의 정체성을 허무는 것은 자신이 어디를 가는지도, 무엇을 하는지도 모르고 달리는 것과 다름 아니다. 우리는 후손들을 위해 남겨야 할 위대한 유산을 만들어나가고 있는 것이다. 이다지도 쉽게 모든 것을 망쳐놓고 어물쩍 넘어가기에는, 또한 그 책임이 우리에게 그리고 다음 세대에게 다시 돌아온다는 것을 생각한다면 적어도 우리는 이 시대의 공간에 해야 할 우리의 책임을 해 놓아야 한다.

지속적인 디자인의 적용 시스템을 만들어나가고자 하는 것은 바로 도시 디자인이 삶의 문화를 좌우하는 중요한 방식이 되기 때문이다. 그를 위해 더 많은 사람들과의 소통이 필요하며 디자인 방식을 넓게 확산시키고 리더들을 통해 지역에 뿌리를 내리도록 해야 하는 것이다. 우리에게 필요한 것은 그것을 해 나갈 의지와 시간일 것이다.

모순을 넘어 도시의 정의를 위해

삼총사는 정의를 위해 하나로 뭉치고 달타냥은 고생을 넘어 원탁의 기사가 되어 정의를 수호하는 용사가 된다. '하나는 전체를 위해, 전체는 하나를 위해' 소설 삼총사의 가장 감명 깊은 대사다.

정의, 누구에게나 감정을 울렁거리게 하는 로망이자 삶의 모든 것을 바쳐도 아깝지 않은 대의大義의 기준이기도 했다. 마이클 샌델Michael J. Sandel은 〈정의는 무엇인가〉라는 저서에서 정의에 대한 좋은 가르침을 전하고 있다. 그는 '정의에는 선택뿐 아니라 미美도 포함된다는 생각은 뿌리가 깊다. 정의를 고민하는 것은 곧 최선의 삶을 고민하는 것일지도 모른다', 또한 '재화 분배를 이해하는 세 가지 방식을 찾아냈다. 행복, 자유, 미덕이 그것이다. 이 세 가지 이상은 정의를 고민하는 서로 다른 방식을 암시한다', '권리가 공리에 좌우되지 않는다면, 권리의 도덕적 근거는 무엇일까? 여기에 자유지상주의자들이 한 가지 답을 제시한다. 개인을 타인의 행복에 이용해서는 안 된다는 주장이다', '정의에는 어쩔 수 없이 판단이 끼어든다. 정의는 올바른 분배만의 문제는 아니다. 올바른 가치 측정의 문제이기도 하다. 도덕에 개입하는 정치는 회피하는 정치보다 서민의 사기 진작에 더 도움이 된다. 더불어 정의로운 사회 건설에 더 희망찬 기반을 제공한다'고 이야기하였다.

이렇게 도시에 어울리는 말이 있을까? 도시는 항상 모순덩어리다. 거짓과 권력과 경제적인 이익 추구가 만들어낸 걸작품의 대표적인 것을 꼽으라면 도시가 될 것이다. 도시는 정의로운가. 절대 아니다. 단연코 이야기할 수 있는데, 도시는 이기심의 집결체이기 때문에 정의로울 수 없다. 사람들은 절대 자신의 것을 양보하지 않는다. 난 항상 그렇게 생각해 왔다. 정의가 무엇인가. 이러한 도시에 정의는 어울리지 않는다. 정의를 어떻게 정의 내리느냐에 따라 달라지기는 하지만 말이다.

현재의 공공 디자인에서 주장하는 '모두를 위한 디자인'이라는 말은 사실 나는 잘 포장된 거짓말이라고 생각한다. 모두를 생각하는 디자인을 한다고 했다면 적어도 그런 식으로 몰아붙이기식 디자인은 하지 않았을 테니까. 정의는 그냥 자신들의 공적 논리에 지나지 않으며 모순인지 정의인지 모르는 허황한 구호는 여전히 강한 힘을 가지게 되고, 우리는 또 다시 획일화된 디자인이 정의로운 디자인인 것처럼 강요당하고 있는 것이다.

그 사이에 역사적인 가로는 또 다시 사라지고 그 자리에 공동이 아닌 공동 주택이 투자되고 있으며, 공공 디자인은 도시의 정의로서 곳곳에 선전되고 있는 것이다. 점점 무관심하게 만드는 마약인 것이다. 보다 솔직하게 이야기하면, 실체가 들통나니 조심스럽게 돌려서 진행할 때 사용하는 '치고 빠지기' 방식이다. 우리는 정의로운 디자인을 하지는 않았지만 적어도 그들을 대상으로 보고 우리와 나누려고 하지는 않았다. 모두가 자신들의 발전을 위해 무엇인가 축적을 해야 하지만 그것은 공존의 방식이지 우리의 성과를 위해 그들을 희생시키는 방식은 아니었고, 의도적으로 피하고자 했다.

순수함이 정의가 될 수 없지만, 적어도 우리는 그들의 삶을 대변할 수는 없어도 대변할 수 있는 공간을 만들어내고자 했다는 점에서 작은 정의를 실현해 왔을지도 모른다. '공리'적인 관점이 아닌 '공감'의 관점에서 본 정의에서 본다면 말이다. 우리가 어쩔 수 없었던 더 큰 사업의 진행과 단기적인 사업 성과를 제외하고는.

그래도 여전히 도시는 정의롭지 않다. 그런 모순 덩어리의 도시에서 우리가 정의를 실현하는 방식은 공감의 범위를 확대시키는 것이며, 삼총사의 수를 늘려가는 것이다. 샌델의 표현으로 치자면 '더불어 정의로운 사회 건설에 더 희망찬 기반을 제공'하기 위한 틀을 만드는 것이다. 이것이 앞으로 3년간 우리 시의 도시 디자인이 추구해나가야 할 변하지 않는 지표가 되어야 한다고 생각한다. 적어도 말도 안 되는 구호와 개념으로 만든 도시보다는 더 훌륭한 도시가 될 가능성이 높을 것으로 확신한다.

모두에게 감사를

우리 딸이 다음 주면 태어날지 모르는데 걱정이 많다. 다음 주에도 디자인은 도시의 희망이란 거짓말을 여기저기 하고 돌아다녀야 하는데, 혹시 지방에서 강연하는 사이에 태어나면 어떡하나 걱정이 되기도 하고 아빠를 닮아 성격이 급하면 어쩌나 걱정이 되기도 한다.

그것도 그렇고 딸이 커서 자신의 삶은 알아서 잘 살아가겠지만, 어디서 어떻게 키워야 하는가도 큰 걱정거리다. 특히, 지금과 같은 아파트 단지 외에 더욱 풍부한 감성을 지닌 곳에서 키울 수는 없을까라는 향후 인간다운 거주에 대한 고민은 지금도 계속되고 있다. 적어도 내 자녀가 안심하고 치열한 경쟁보다는 스스로와의 경쟁으로 살아갈 수 있을 만한 곳이 한 곳이라도 있었으면 하는 바람이지만, 지금까지의 경험으로는 그것도 그리 만만하지는 않을 것이다. 그런 곳이 남양주시가 되길 하는 바람이 크지만, 글쎄, 잘 될 수 있을까? 열심히 하는 수밖에 없겠지만, 10년 후에 다시 고민해 봐야될 문제다.

혼자 집에서 밥 먹는 시간이 많은 이해심 많은 와이프와 우리 딸 수에게는 항상 고맙고 사랑한다는 말로 대신할 수밖에 없는 것 같다. 그리고 남양주시의 디자인 사업이 활발히 진행될 수 있도록 든든한 뒷받침을 해 주신 이석우 시장님께 누구보다 진심으로 감사를 드리고 싶다. 시작부터 디자인과의 든든한 버팀목으로 계신 이순덕 팀장님과 만주 씨와 재운 씨, 정호 씨, 보경 씨, 문화관광과의 동진 씨, 기획예산과의 동묵 씨에게도 진심어린 감사를 드린다. 그리고 디자인 사업의 틀을 지지해 주신 이광복 국장님과 과장님, 다른 워킹그룹 멤버들에게도 다시 한번 이 자리를 빌려 감사를 드리고 싶다. 이종휘 작가님과 이구영 소장님, 박찬국 소장님, 일본 GK설계의 미나미 사장님과 스다 국장님, 훌륭한 작품을 많이 남겨주신 지역의 작가님들에게도 감사를 드린다.

능내리의 이장님들과 각 마을의 이장님들, 어르신들, 화도문화연구회 윤주영 회장님, 최철우 의원님 등 언제나 디자인과의 사업을 지탱해주신 많은 분들에게 감사를 드리고 싶다. 또한 박연선 교수님과 사전 조사 및 아이디어를 제공한 대학원 학생들 한 명 한 명에게도 감사를 드리며, 이 책을 출판하도록 도와주신 미세움 강찬석 사장님과 항상 꼼꼼한 지적과 편집을 해주는 임혜정 부장님에게도 감사를 바치고 싶다.

이 책이 다 팔릴 때쯤 남양주시 도시 디자인 이야기 2가 발행될 수 있도록 좋은 이야기들이 더 많이 나왔으면 좋겠다. 힘들더라도 그만큼 소중한 보람이 있지 않을까? 우리는 내일도 지역에 걸맞는 디자인을 만들어가야 한다. 너무나 즐거운 일이다.

2011년 4월 새벽

이 석 현

같이하고 감사한 사람들 종합선물세트(제발 초상권 문제로 크레임 걸지 말아 주시길…)

디자인 지원 협약식
2008. 8. 27(수)

남양주시 도시 디자인계획팀 업무추진 경과

2007.09.03(화) : 도시 이미지팀 탄생
2007.09.28(금) : 도시경관기본계획 수립 연구용역 관련 회의
- 경관 계획 참여 연구팀별 업무 분담 확정
  • 도시 경관(토지이용계획) / 자연 경관, 도로 경관 / 도시 환경 색채, 경관 이미지
- 국외 연구진 참여에 따른 예우, 연구 진행 방법, 연구 용역비 등
  • 이석현 박사 전담
- 시민 참여의 새로운 기법 도입에 따른 문제점 분석
2007.10.01 : 남양주시 환경 색채 가이드라인 설정 연구 용역 계약 의뢰
2007.10.10 : 남양주시 도시경관기본계획 수립 연구 용역 계약 의뢰
2007.10.16~2007.10.19 : 공사 안내 간판 디자인 의견 수렴
2007.10.21(일) : 홍익대 대학원 경관 관련 설명회 - 홍익대 대학원생 14명 참석
2007.10.22(월) : 도시 경관 워킹그룹 회원 모집 팝업 게시 / 공사 안내 간판 디자인 알림
2007.11.02(금) : 명품 도시 남양주 경관 포럼 개최
2007.11.07(수) : 환경 색채 가이드라인 설정 연구 용역 착수 보고회 개최
2007.11.19(월) : 워킹그룹 회원 및 학습 동아리 회원 워크숍 개최
- 도시 국장 외 학습 동아리 회원 13명, 워킹그룹 회원 10명
2007.12.20(목) : 경기도 공공 디자인 포럼 참석
2007.12.28 : 강합성 교량 도장 색상 선정 계획 보고
2007.12.31~2008.01.07 : 강합성 교량 도장 색상 설문 조사
2008.01.05~2008.01.08 : 도시 이미지 학습 동아리 공공 디자인 연수(도쿄, 록폰기힐즈, 오다이바, 요코하마, 사이타마, 가와고에)
2008.01.10 : 경춘선 철도 교량 도장 색상 협조(4.3Y7.8/1.9 한국철도시설공단)
2008.01.14(월) : 공간 디자인과 경관 계획에 따른 심포지엄 참석/국립민속박물관
2008.01.18(금) : 조선일보 명품 포럼 게재
2008.01.19(토) : 제1회 도시 이미지 명품 포럼 개최
- 홍대 대학원생들과 함께/4조(과거와 현재가 공존하는 거리)-최우수

남양주시 도시디자인계획팀 업무추진 경과

2008.02.20(수) : 환경 색채 가이드라인 설정 연구 용역 관련 간담회 - 옥외광고업협회, 워킹그룹
2008.02.27(수) : 2008년 제1회 워킹그룹 워크숍
2008.03.13(목) : 디자인 도로 국제 심포지엄(개성적인 도로 경관 형성 위한)
- 발제1 : 한국 삼우설계 김기연 본부장(국지도 86번선)
- 발제2 : 미국 DESIGN WORKSHOP 대표 Tarrall(국도 46번선)
- 발제3 : 일본 GK 디자인 그룹 대표 미나미 가즈마사(지방도 383호선)
- 토론 : 발제자 3인, 사회 이석현, 한국건설기술연구원 김현수, 문화관광부 한민호
2008.03.14 : 디자인 도로 샤렛
2008.03.18 : 공공 디자인 시범 사업 공모(진건 프롬나드)/경기도
2008.03.26 : 워킹그룹 워크숍/희망제작소 부설 간판문화연구소장 최범
2008.04.02 : 환경 색채 가이드라인 최종 보고회
2008.05.22~05.25 : 공공 디자인 국외 연수(교통도로국/도쿄, 요코하마)
2008.05.27 : 중앙선 능내 역사 방음벽 색상 협조(4.3Y7.8/1.9 한국철도시설공단)
2008.06.04 : 공공 디자인 시범 사업 시민 워크숍(진건 프롬나드 조성 사업)
- 용역 과업 계획 전 시민과 생각 나누기
2008.06.09 : 지붕색 적용 주조색 알림
2008.06.09 : 공공 디자인 개발 사업 공모 신청(한국디자인진흥원/화도, 오남)
2008.06.11 : 서울-춘천간 강합성 교량 외부 도장색 협조(4.3Y7.8/1.9 서울-춘천간 고속도로 주식회사)
2008.06.16 : 공공 시설 디자인 시범 사업 공모 신청 (국토해양부/천마산)
2008.06.21(토) : 워킹그룹 공공 디자인 연수/삼청동, 가회동, 인사동
2008.06.23 : 남양주시 기본색채가이드 제작
2008.07.01 : 울산 MBC 시장님 및 도시 이미지 학습 동아리 인터뷰
2008.07.07 : 수석동 풍속마을 1차 주민 워크숍
2008.07.11 : 공공 디자인 관련 인터뷰(부양초교 오수미 선생님)

2008.07.15 : 공공 시설 디자인 시범 사업 현지 점검(국토해양부/천마산 관리소)

2008.07.18 : 지식경제부/오남 당첨

2008.07.25 : 수석동 풍속마을 2차 주민 워크숍

2008.07.31 : 아파트 색채 보고회/한국컬러앤드패션트랜드

2008.08.11 : 지식경제부/화도 당첨

2008.08.13 : 수석동 풍속마을 3차 주민 워크숍

2008.08.20 : 수석동 풍속마을 4차 주민 워크숍

2008.08.27(수) : GK, 홍대, 색채연구소 협약 체결/워킹그룹 워크숍 이경복 선생 초청 강연회

2008.10.03 : 화도읍 가지각색 프로젝트 현장 방문/홍익대 대학원생

2008.10.10 : 화도읍 공공 디자인 워크숍 1차

2008.10.11 : 충남대 대학원생 현장 방문

2008.10.28 : 공공 디자인 연수(화도읍)/삼청동, 가회동, 인사동

2008.11.01 : 공공 디자인 연수/무주군

2008.11.04 : 공공 디자인 연수(진건읍)/삼청동, 가회동, 인사동

2008.11.17 : 2008 대한민국 건축문화제 연수 참가

2008.12.08 : 진접 택지 지구 가드레일 문제 발생

2008.12.20 : 진접 택지 지구 진택연 면담

2009.01.19 : 진건 프롬나드 MP회의(이석현 박사님, 태하 이동우 대표)

2009.01.30 : 화도랑 프로젝트/ 〈느리게 걷기〉 권현주 외 2인

2009.02.03 : 일본 GK 진접 택지 지구 주변 도로 관련 현장 방문

2009.02.06 : 구름 속의 산책로 방문(운길산역)

2009.02.17 : 오남 공공 디자인 개발 사업 샤렛

2009.02.23 : 오남 공공 디자인 시민 워크숍

2009.03.17 : 2009년 공공 디자인 조성사업 계획서 제출/(구름 속의 산책로, 문화체육관광부)

2009.04.02 : 화도읍 공공 디자인 워크숍 2차

2009.04.15 : 화도읍 공공 디자인 워크숍 3차

2009.04.28 : 화도, 진건 중간 보고회

2009.04.30 : 문화체육관광부 구름 속의 산책로 방문

2009.05.06 : 수석동 잔치

2009.05.07~05.08 : 공공 디자인 교육/가평비젼센터, 선유도공원

남양주시 도시디자인계획팀 업무추진 경과

2009.06.05 : 진건, 오남 최종 보고회
2009.06.18 : 진접 동부센트레빌 현장 방문
2009.06.20 : 공공 디자인 연수/남이섬
2009.06.25 : 덕소 그림벽 준공 검사
2009.10.09 : 진접 디자인 찾기 포럼 개최
2009.10.15 : 2009 한국색채대상 공모
2009.10.17 : 홍익대 산업대학원 진접 답사 – 진접 장현, 부평리를 중심으로
2009.11.06 : 화도 주민 부평 문화의 거리 답사 – 부평 상가 주민들의 열정과 노하우 배우기
2009.12.23 : 진건 프롬나드 조성 공사 1차 발주
2010.01.28 : 워킹그룹 한일 심포지엄 참가 – 상상력 넘치는 사업 노하우 배우기
2010.02.06 : 아름다운 거리의 재발견 진접 포럼 개최
2010.03.12 : 〈삼청동 야간경관〉 답사 – 희망 근로 참여 작가와 간판 조명을 중심으로
2010.08.21 : 〈마석광장 옻칠화〉 체험 행사 개최
2010.08.25 : 진건 프롬나드 1차 준공 검사
2010.10.19 : 구름 속의 산책로 현지 답사 /한국문화관광연구원
2010.10.25 : 진건 프롬나드 지중화 관련 협의
2010.10.26 : 광릉 〈숲앞에서 차렷〉 워크숍
2010.10.28 : 부엉배 마을 문당환경농업마을 답사 – 삶의 질 개선을 넘어 도시의 경쟁력으로
2010.10.27 : 진접 아이누리 프로젝트 워크숍
2010.11.01 : 수동 김진송 작가 작업실 방문
2010.11.24 : 김진송 작업실 워크숍

정리 : 곽만주